Bewerben um ein Praktikum

D1869253

Bewerbung Last Minute

Christian Püttjer und **Uwe Schnierda** kennen die Wünsche und Hoffnungen, aber auch Sorgen und Nöte von Bewerberinnen und Bewerbern seit rund 20 Jahren. Ihre umfassenden Erfahrungen aus der Optimierung von Bewerbungsunterlagen, aus Einzelcoachings und aus Seminaren bringen sie in ihre praxisnahen Ratgeber ein, die exklusiv im Campus Verlag erscheinen. Die konkreten Tipps, die klare Sprache und die motivierende Unterstützung von Püttjer & Schnierda haben schon über einer Million Leserinnen und Lesern weitergeholfen.

PÜTTJER & SCHNIERDA

Bewerben um ein Praktikum

Campus Verlag
Frankfurt/New York

Bibliografische Information der Deutschen Nationalbibliothek:
Die Deutsche Nationalbibliothek verzeichnet diese Publikation in der Deutschen Nationalbibliografie. Detaillierte bibliografische Daten sind im Internet unter http://dnb.d-nb.de abrufbar.
ISBN 978-3-593-39242-4

2., erweiterte Auflage 2011

Das Werk einschließlich aller seiner Teile ist urheberrechtlich geschützt. Jede Verwertung ist ohne Zustimmung des Verlags unzulässig. Das gilt insbesondere für Vervielfältigungen, Übersetzungen, Mikroverfilmungen und die Einspeicherung und Verarbeitung in elektronischen Systemen.
Copyright © 2006 Campus Verlag GmbH, Frankfurt/Main
© der erweiterten Auflage 2011 Campus Verlag GmbH, Frankfurt am Main.
Umschlagfoto: Becker Lacour, Frankfurt/Main
Gestaltung: hauser lacour, Frankfurt/Main
Satz: Publikations Atelier, Dreieich
Druck und Bindung: Druck Partner Rübelmann, Hemsbach
Gedruckt auf Papier aus zertifizierten Rohstoffen (FSC/PEFC).
Printed in Germany

Besuchen Sie uns im Internet: www.campus.de

Inhalt

Einleitung

Wenn Sie, wie die Mehrzahl der Bewerber um ein Praktikum, Schüler oder Student sind, betreten Sie mit dieser Bewerbung möglicherweise Neuland. Um Ihnen zu helfen, Ihre berufliche Zukunft erfolgreich anzugehen, haben wir diesen Ratgeber geschrieben. Auch wenn Sie sich »nur« um ein Praktikum bewerben, sollten Sie Ihre Bewerbung sorgfältig vorbereiten. Unterschätzen Sie nicht die Auswahlverfahren der Firmen. Schließlich sind die Ansprüche an Bewerber – auch für ein Praktikum – in den letzten Jahren deutlich gestiegen.

Mit einem Praktikum machen Sie den wichtigen ersten Schritt von der Schule oder Hochschule ins Berufsleben. Sie haben die Möglichkeit, in den Berufsalltag hineinzuschnuppern, und können aufgrund der gesammelten Erfahrungen genauer abschätzen, worauf es Ihnen wirklich ankommt und was für Sie auf Dauer beruflich weniger interessant ist. Nutzen Sie die Chance, während Ihrer Schul- oder Hochschulzeit mehrere Praktika zu absolvieren. Je mehr Erfahrungen Sie sammeln können, desto besser! In Ihrem späteren Berufsleben wird es nicht mehr so leicht sein, für kurze Zeit in verschiedene Branchen, Berufe und Tätigkeitsfelder unverbindlich hineinzuschauen.

Während Ihnen der Umgang mit den bisherigen Herausforderungen, nämlich Klassenarbeiten, Klausuren und mündlichen Prüfungen, längst vertraut ist, sieht es mit den in Angriff zu nehmenden Bewerbungen doch ganz anders aus. Obwohl es sehr sinnvoll wäre, gibt es in den meisten Schulen und Hochschulen bisher leider kein Fach »Bewerbungskunde«, in dem diese wichtigen Fähigkeiten vermittelt werden könnten. Deshalb fühlen sich die meisten verunsichert und allein gelassen, wenn sie eine Bewerbung schreiben sollen.

Das muss aber nicht sein: Es gibt auch für das Bewerbungsverfahren viele hilfreiche und klare Regeln, die wir Ihnen gerne vorstellen. Wir beraten schon seit fast 20 Jahren Bewerberinnen und Bewerber in Seminaren, Einzelberatungen und Vorträgen und bekommen immer wieder positive Rückmeldungen darüber, wie unsere Tipps und Anregungen geholfen haben.

Wenn Sie sich um ein Praktikum bewerben, gibt es eine Vielzahl von Dingen, an die Sie rechtzeitig denken müssen. Die Firmen werden von Bewerbungen regelrecht überschüttet und sind deshalb weder willens noch in der Lage, aus unklaren Angaben und verschwommenen Vorstellungen die Wünsche der Bewerber herauszufiltern.

Es reicht eben nicht aus, sich mit ein paar knappen Sätzen um ein Praktikum zu bewerben. Wenn die Firmen feststellen, dass nach dem Motto »Viel hilft viel!« verfahren wird, also beispielsweise der immer gleiche Standardtext an möglichst viele Firmen versandt wird, schalten sie auf stur. Die Absage kommt dann prompt.

Jede Praktikantin und jeder Praktikant wird von Anfang an danach beurteilt, ob sie oder er grundsätzlich in die Firma passen könnte. Wer hier mit seiner schriftlichen, persönlichen, telefonischen oder E-Mail-Bewerbung Erfolg haben will, sollte handfeste Argumente für seine Einstellung liefern. Ohne eine passgenaue, stärkenorientierte und glaubwürdige Bewerbung geht es also nicht.

Sie brauchen keine Angst zu haben, dass die Anforderungen der Firmen so hoch sind, dass nur überdurchschnittlich

Begabte mit den allerbesten Noten eine Chance haben. Wir wissen aus unseren Bewerbungsseminaren für Schulen und Universitäten, dass Schüler und Studierende bereits viel zu bieten haben. Den meisten ist aber überhaupt nicht bewusst, wie sie ihre Stärken und Erfahrungen in der Bewerbungsmappe und im Gespräch überzeugend vermitteln können.

Damit sich bei Ihnen der gewünschte Erfolg einstellt, wartet ein bewährtes und praxisnahes Programm auf Sie. Sie werden erfahren,

- → **wie Sie eine Praktikumsfirma finden,**
- → **welche Arten der Kontaktaufnahme es gibt,**
- → **wie Sie eine schlüssige Begründung Ihrer Praktikumsbewerbung entwickeln,**
- → **welche Besonderheiten bei der schriftlichen, der persönlichen, der telefonischen und der E-Mail-Bewerbung gelten,**
- → **mit welchen Fragen Sie im Vorstellungsgespräch rechnen müssen und**
- → **worauf Sie beim Praktikumszeugnis achten sollten.**

Stellen Sie sich aktiv der Herausforderung, einen Praktikumsplatz zu finden. Sie werden schnell erkennen, wie Sie sich von der grauen Masse der Bewerber absetzen können. Lernen Sie aus den Fehlern anderer, und lassen Sie sich anhand zahlreicher misslungener und gelungener Praxisbeispiele von uns zeigen, wie Sie mit Ihren Bewerbungen positiv auf sich aufmerksam machen. Dann können Sie mit einem überzeugenden schriftlichen und persönlichen Auftritt Pluspunkte sammeln und werden mit Ihren Bewerbungswünschen ernst genommen.

Grundlage unserer Beratungstätigkeit ist die von uns entwickelte Profil-Methode®, die wir Ihnen jetzt kurz vorstellen. Und dann beginnt auch schon Ihr Bewerbungstraining um einen Praktikumsplatz.

Bewerben mit der Püttjer & Schnierda-Profil-Methode®

Gesichtslose Bewerber, die wie austauschbar erscheinen, machen es sich und den Firmen unnötig schwer, zueinander zu finden. Machen Sie es besser: Sie werden sich bei Ihren Bewerbungen um ein Praktikum mehr Gehör verschaffen, wenn Sie Ihr Profil aussagekräftig und glaubwürdig vermitteln können.

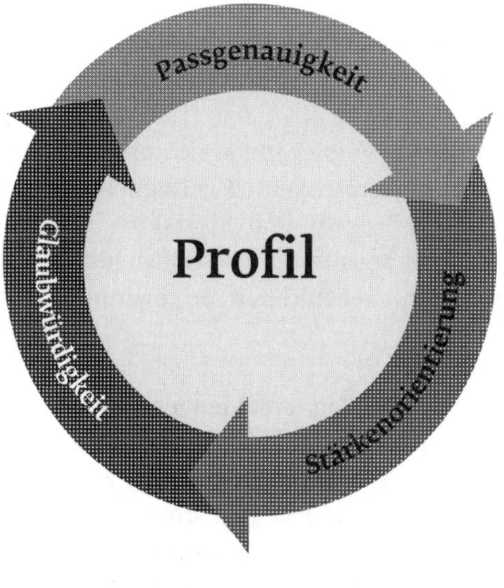

Die Profil-Methode®, die wir dazu in unserer rund 20-jährigen Beratungspraxis entwickelt haben, hat schon vielen Bewerbern zu mehr Erfolg verholfen (www.karriereakademie.de).

Drei Kernelemente kennzeichnen die Profil-Methode®: Punkten Sie mit einer passgenauen Bewerbung, vermitteln Sie Ihre Stärken und treten Sie glaubwürdig auf.

1. Passgenauigkeit: Je besser Sie in Ihrer Bewerbung Ihren Praktikumswunsch begründen können, desto höher ist Ihre Erfolgsquote. Machen Sie sich den Blick der Firmenseite zu eigen. Liefern Sie nachvollziehbare Argumente, warum Sie sich für gerade diese Firma entschieden haben. So wird Ihr Auftritt passgenau.

2. Stärkenorientierung: Niemand lässt sich durch Krisen- und Problemschilderungen von etwas überzeugen – auch Firmen nicht! Verzichten Sie deshalb auf Selbstkritik und Abwertungen, und stellen Sie stattdessen Ihre Vorzüge in den Mittelpunkt Ihrer Bewerbung. So werden Ihre Stärken sichtbar.

3. Glaubwürdigkeit: Verbiegen Sie sich nicht im Bewerbungsverfahren, Ihre Persönlichkeit ist gefragt! Verstecken Sie sich nicht hinter Leerfloskeln und abstrakten Formulierungen, sondern liefern Sie stattdessen nachvollziehbare Beispiele, die Ihre Bewerbung mit Leben füllen. So gewinnen Sie Glaubwürdigkeit.

Alle im Campus Verlag erschienenen Bücher von Püttjer & Schnierda basieren auf der Profil-Methode®. Profitieren auch Sie vom Wissen der Experten. Nutzen Sie diesen Ratgeber dazu, sich Schritt für Schritt Ihr eigenes Profil klarzumachen und es interessanten Firmen in der Bewerbungsmappe und im Vorstellungsgespräch zu vermitteln.

1. Die heimlichen Regeln der Bewerbung

Viele Firmen bekennen sich zu ihrer Verantwortung gegenüber künftigen Auszubildenden oder Mitarbeitern und sind daher gerne bereit, Schülern oder Studierenden einen Praktikumsplatz anzubieten. Schließlich hat diese zeitlich befristete »Schnupperphase« für beide Seiten den Vorteil, zu sehen, wie man bei der täglichen Arbeit miteinander klarkommt.

Den wenigsten potenziellen Praktikanten ist aber bewusst, dass aus der Art und Weise ihrer Bewerbung bereits Rückschlüsse darauf gezogen werden, wie man sich im eigentlichen Praktikum verhalten wird. Es gilt also, auch die unausgesprochenen Regeln der Bewerbung um ein Praktikum zu durchschauen.

Was ist gefragt?

Wer sich um ein Praktikum bewirbt, fühlt sich oft allein gelassen. Von einzelnen lobenswerten Ausnahmen abgesehen, bieten Schulen oder Hochschulen meist wenig Unterstützung beim Bewerbungsvorgang an. Verlässt man sich auf Eltern oder wohlmeinende Verwandte, besteht die Gefahr, dass die gegebenen Informationen nicht mehr aktuell sind. Denn in den vergangenen Jahren haben die Personal- und Ausbildungsabteilungen in den Firmen ihre Arbeit immer stärker professionalisiert. Es hat sich eine Menge geändert, und nur wenigen ist bekannt, worauf es bei einer Bewerbung um ein Praktikum ankommt.

Das sollten Sie sich merken:
Die Entscheider in den Firmen haben ihre eigene Sichtweise, wenn es um die Auswahl geeigneter Praktikanten geht. Diese Perspektive müssen Sie kennen, um mit Ihren Bewerbungsbemühungen den gewünschten Erfolg haben zu können.

Im weiteren Verlauf dieses Buches werden wir Ihnen in den jeweiligen Themenblöcken – schriftliche Bewerbung, E-Mail-Bewerbung, persönliche Bewerbung, telefonische Bewerbung, Vorstellungsgespräch – immer wieder Tipps und Hinweise geben, wie Sie Personal- und Ausbildungsverantwortliche für sich einnehmen können.

An dieser Stelle werden wir Ihnen vorab erläutern, wie Bewerbungen um ein Praktikum auf der Firmenseite wahrgenommen werden und was die Bewerber – meist ungewollt – zwischen den Zeilen mitteilen. Aus Sicht der Entscheider ist eine Praktikumsbewerbung

→ **eine erste Arbeitsprobe,**
→ **eine Aussage über die Motivation des Bewerbers und**
→ **eine Aussage über die Teamfähigkeit des Bewerbers.**

Die Bewerbung als Arbeitsprobe: Bewerber mit wenig oder keiner Berufserfahrung wissen oft gar nicht, dass ihre Bewerbungsmappe oder ihr persönlicher Auftritt in der Firma als erste Arbeitsprobe gewertet wird. Sind beispielsweise die Unterlagen voller Rechtschreibfehler, verknickt oder unübersichtlich ausgearbeitet, wird daraus gefolgert, dass der Bewerber oder die Bewerberin grundsätzlich unsauber arbeitet. Diese negative Einschätzung ist natürlich keine Empfehlung.

Das sollten Sie sich merken:
Mit Ihrer Bewerbung um ein Praktikum liefern Sie eine erste Arbeitsprobe Ihres Könnens ab. Machen Sie von Anfang an klar, dass Sie mehr als durchschnittliche Bewerber leisten können.

Die Bewerbung als Motivationstest: Fakt ist, dass etwa 35 Prozent der Berufsausbildungen vorzeitig abgebrochen werden und etwa 15 Prozent der akademischen Berufseinsteiger in der Probezeit gekündigt wird. Fakt ist aber auch, dass weniger Probleme und Schwierigkeiten zu erwarten sind, je mehr Bewerber und Firma bereits im Vorfeld einer Berufsausbildung oder einer festen Anstellung voneinander wissen. Daher sind Praktika außerordentlich wichtig, denn so können Bewerberinnen und Bewerber in der Berufspraxis zeigen, dass sie wissen, was sie beruflich wollen und können.

Lässt aber schon die Bewerbung um einen Praktikumsplatz erkennen, dass der Kandidat sich überhaupt nicht informiert hat, unklare Vorstellungen über mögliche Einsatzfelder hat und das Praktikum eher als Notlösung sieht, ist er im Motivationstest der Firmen durchgefallen.

Vorsicht Falle!
Wird aus der Bewerbung um einen Praktikumsplatz nicht deutlich, dass der Bewerber weiß, was er beruflich will, ist der Misserfolg vorprogrammiert.

Die Bewerbung als Teamfähigkeitstest: Die immer wieder erhobene Forderung der Firmen nach teamfähigen Mitarbeiterinnen und Mitarbeitern sollten auch Bewerber um ein Praktikum kennen und ernst nehmen. Bereits in der Bewerbung wollen die Verantwortlichen auf der Firmenseite erkennen, dass der Kandidat umgänglich ist und gut mit anderen zusammenarbeiten kann. Verfestigt sich der Eindruck, dass der Bewerber Schwierigkeiten damit haben wird, sich ins Team einzupassen, hat sich die Bewerbung erledigt.

Das sollten Sie sich merken:
Die Firmen suchen teamfähige Mitarbeiter. Aus Ihrer Bewerbung sollte daher herauslesbar sein, dass Sie gut mit anderen zusammenarbeiten können und zielorientiert an Aufgaben herangehen.

Lassen Sie sich im weiteren Verlauf dieses Praxisratgebers zeigen, wie Sie Ihre erste Arbeitsprobe erstklassig aufbereiten, wie Sie die Motivation Ihrer Bewerbung um ein Praktikum begründen und wie Sie sich als teamfähiger Bewerber darstellen. Berücksichtigen Sie die spezielle Perspektive der Personal- und Ausbildungsverantwortlichen, um auch die unausgesprochenen Forderungen an Bewerber zu erfüllen.

2. Die Suche: Eine Praktikumsfirma finden

Bevor Sie sich um ein Praktikum bewerben, müssen Sie wissen, an welche Firmen Sie Ihren Praktikumswunsch überhaupt richten können.

Vielleicht haben Sie ja schon ein Unternehmen ins Auge gefasst, in dem Sie gern für einige Wochen oder Monate arbeiten würden. Dann ist zumindest die Suche für Sie mit wenig Aufwand verbunden. Der nächste Schritt für Sie wäre, einen geeigneten Ansprechpartner für Ihren Praktikumswunsch herauszufinden. In kleinen Firmen ist dies der Geschäftsführer oder ein Mitarbeiter, der in dem Aufgabenbereich tätig ist, der Sie interessiert. In größeren Betrieben sind Bewerbungen um ein Praktikum an die Personalabteilung zu richten. Ob kleine Firma oder großes Unternehmen, Sie müssen herausfinden, wer der konkrete Adressat für Ihre Bewerbung ist. Dabei kann Ihnen ein Blick ins Internet helfen.

Falls Sie noch nicht wissen, wo Sie sich bewerben können, gibt es die unterschiedlichsten Wege, um herauszufinden, welche Unternehmen Praktika anbieten. Suchen Sie über:

- → **die Internetseiten der Firmen,**
- → **Kontaktmessen,**
- → **Jobbörsen im Internet,**
- → **die Industrie- und Handelskammern,**
- → **die Handwerkskammern,**
- → **Tageszeitungen,**

- → **die Agentur für Arbeit,**
- → **Bekannte,**
- → **ehrenamtliche Organisationen.**

Praktika über die Internetseiten der Firmen: Fast jede Firma hat mittlerweile eine Homepage im Internet. Dort erfahren Sie nicht nur, welche Produkte oder Dienstleistungen die Firma anbietet, sondern oft auch, ob es offene Stellen gibt, ob ausgebildet wird und ob Praktikumsplätze angeboten werden. Lassen Sie sich nicht davon abschrecken, wenn auf der Firmenhomepage nur feste Stellen oder Ausbildungsplätze angeboten werden. Diese Angebote sind in der Regel ein indirekter Hinweis darauf, dass grundsätzlich auch Praktika möglich sind.

Werden entsprechende Angaben auf der Firmenhomepage gemacht, liegt der Vorteil für Sie klar auf der Hand: Sie wissen gleich, an wen Sie sich mit Ihrer Bewerbung wenden können. Kontaktpersonen für Ihre Bewerbung werden in der Regel mit Namen, Telefonnummer und E-Mail-Adresse genannt.

Manchmal gibt es auch zusätzliche Informationen über die Voraussetzungen für ein Praktikum. So wird von Studierenden beispielsweise verlangt, dass sie schon das Vordiplom abgelegt haben müssen, oder es wird eine Mindestdauer von vier Wochen für das Praktikum vorgegeben. Dies mag ärgerlich sein, wenn Sie die Vorgaben nicht erfüllen können, unter dem Strich erleichtern diese Angaben Ihnen aber Ihre Bewerbungsarbeit, weil Sie in diesen Fällen dann darauf verzichten können, unnötig eine Praktikumsbewerbung auf den Weg zu bringen.

Praktika über Kontaktmessen: Kontaktmessen, auf denen sich Firmen präsentieren, sind in den letzten Jahren immer beliebter geworden. In fast jeder Region finden diese Kontaktmessen mittlerweile regelmäßig statt. Dabei sind die Namen unterschiedlich – so gibt es »Ausbildungstage«, »Karrieretage«, »jobfactorys«, »Firmenkontakttage«, »Praxisbörsen« oder »Talents« –, gleich ist diesen Veranstaltungen aber, dass es darum geht, Firmen und potenzielle Bewerber miteinander ins Gespräch zu bringen. Die einzelnen Kontaktmessen haben jedoch verschiedene Schwerpunkte. So gibt es Veranstaltungen, die sich überwiegend an Schüler, und solche, die sich eher an Studierende richten.

Firmen, die sich auf Kontaktmessen präsentieren, suchen regelmäßig Auszubildende und neue Mitarbeiter. Daher sind sie auch immer daran interessiert, durch Praktika vertiefende Einblicke in den Arbeitsalltag zu gewähren. Das gegenseitige Kennenlernen auf Probe ist schließlich für beide Seiten hilfreich.

Recherchieren Sie mithilfe einer Suchmaschine im Internet, geben Sie einfach das Stichwort »Kontaktmesse« und den Namen Ihrer Stadt beziehungsweise Ihrer Region ein. Oder rufen Sie bei der örtlichen Industrie- und Handelskammer an, und erkundigen Sie sich, wann und wo Kontaktmessen stattfinden. Lesen Sie auch aufmerksam die Tageszeitung, dort wird üblicherweise Werbung für Kontaktmessen geschaltet.

Praktika über Jobbörsen im Internet: Es gibt Hunderte von Stellenbörsen im Internet, deren Sinn und Zweck die Kontaktanbahnung zwischen Firmen und neuen Mitarbeitern ist. Aber nicht nur offene Stellen, sondern auch Praktikumsmöglichkeiten werden in den Jobbörsen aufgelistet. Wichtige große Jobbörsen, in die Sie auf jeden Fall einmal einen Blick werfen sollten, sind unter anderem die folgenden:

→ **www.monster.de**
→ **www.stepstone.de**
→ **www.stellenanzeigen.de**

- → **www.jobscout24.de**
- → **www.jumpforward.de**
- → **www.aubi-plus.de**

Neben diesen allgemeinen Jobbörsen gibt es aber auch Börsen für bestimmte Branchen und spezielle Jobbörsen nur für Schüler oder Studierende, die ein Praktikum suchen. Wenn Sie hier weitere Internetadressen nutzen möchten, sollten Sie einen Blick auf unsere Homepage www.karriereakademie.de werfen. Dort haben wir über 100 aktuelle Jobbörsen für Sie aufgeführt.

Praktika über die Industrie- und Handelskammern: Die örtlichen Industrie- und Handelskammern (IHK) verstehen sich als Dienstleister für die angeschlossenen Firmen. Zu diesem Dienst gehört oft auch die Information über mögliche Praktika. Die für Sie zuständige IHK finden Sie unter www.ihk-lehrstellenboerse.de im Internet. Nachdem Sie herausgefunden haben, welche IHK für Sie zuständig ist, gibt es die Möglichkeit, dort anzurufen und nach Verzeichnissen mit Unternehmen, die Praktikumsplätze anbieten, zu fragen, oder Sie recherchieren direkt im Internet bei der für Sie zuständigen IHK nach einer Praktikumsfirma.

Praktika über die Handwerkskammern: Auch bei den Handwerkskammern handelt es sich um Dachorganisationen, in diesem Fall um die der angeschlossenen Handwerksbetriebe. Wenn Sie ein Praktikum bei einem Handwerksbetrieb planen, werden Sie bei Ihrer Suche hier sicherlich fündig. Im Internet finden Sie auf der Website www.teamhandwerk.de eine Übersicht sämtlicher Handwerkskammern in Deutschland und damit auch die für Ihre Region zuständige Kammer. Gehen Sie wie eben beschrieben vor: Rufen Sie an, und erkundigen Sie sich nach Firmen, die Praktika anbieten, oder recherchieren Sie auf der Homepage Ihrer regionalen Handwerkskammer.

Praktika über Tageszeitungen: Tageszeitungen eignen sich auf zweierlei Weise, um Praktikumsmöglichkeiten aufzuspüren. Zum einen gibt es in den meisten Tageszeitungen halbjährliche Sonderbeilagen zum Thema Berufsausbildung und Berufseinstieg. Für die dort inserierenden Firmen gilt das Gleiche wie für die Firmen auf Kontaktmessen: Wer Auszubildende oder neue Mitarbeiter sucht, bietet eigentlich immer auch Praktikumsplätze an, um das gegenseitige Kennenlernen möglichst berufsnah zu gestalten.

Aber nicht nur die Sonderbeilagen der Tageszeitungen sind nützlich. Auch der üblicherweise zum Wochenende veröffentlichte Stellenmarkt kann in die Suche nach einem Praktikumsplatz eingebunden werden. In den Stellenanzeigen werden zwar feste Stellen ausgeschrieben, aber es spricht nichts dagegen, unter der aufgeführten Telefonnummer anzurufen und zu erfragen, ob es die Möglichkeit gibt, ein Praktikum bei der Firma zu machen.

Praktika über die Agentur für Arbeit: Das frühere Arbeitsamt versteht sich nun als Agentur für Arbeit. Und zu ihren Aufgaben gehört in manchen Regionen auch die Vermittlung von Praktikumsplätzen. Erfragen Sie, wer Ihnen bei der für Sie zuständigen Agentur für Arbeit weiterhelfen könnte. Vielleicht gibt es Listen mit Firmen, die in der Vergangenheit Praktikumsplätze zur Verfügung gestellt haben, oder man nennt Ihnen ausgewählte Firmen für die Branche, die Sie interessiert. Sie finden die Agentur für Arbeit auch im Internet unter www.arbeitsagentur.de.

Praktika über Bekannte: Auch das so genannte »Vitamin B«, die Kontaktanbahnung über Familie, Freunde und Bekannte, können Sie in Ihre Suchstrategie einbauen. Wenn es in Ihrem persönlichen Umfeld Menschen gibt, die in für Sie interessanten Firmen arbeiten, können Sie sie fragen, wie es dort mit der Möglichkeit eines Praktikums aussieht. Ihr Vorteil: Sie bekommen Informationen aus erster Hand darüber, wie das Arbeitsklima ist, welche Tätigkeiten interessant sind und an wen Sie sich mit Ihrem Wunsch nach einem Praktikum wenden können.

Praktika über ehrenamtliche Organisationen: Insbesondere Studierende, die ein Praktikum absolvieren möchten, können auch auf ehrenamtliche Organisationen zurückgreifen. Viele Studenteninitiativen verstehen sich als Schnittstelle zwischen Hochschule und Berufsleben. Und zu dieser Schnittstellenfunktion gehört auch die Vermittlung von Praktika. Wichtige Organisationen sind unter anderem:

→ **www.aegee.de**
→ **www.aiesec.de**
→ **www.bdsu.de**
→ **www.bdvb.de**
→ **www.bonding.de**
→ **www.elsa-germany.org**
→ **www.market-team.de**
→ **www.mtp.org**

Wenn Sie einige der von uns aufgeführten Möglichkeiten nutzen, werden Sie mit Ihrer Suche nach einer Praktikumsfirma auf jeden Fall Erfolg haben.

Das sollten Sie sich merken:
Je frühzeitiger Sie sich um einen Praktikumsplatz bemühen, desto größer sind Ihre Erfolgschancen. Idealerweise bewerben Sie sich drei bis sechs Monate vor Ihrem Wunschtermin. Bei besonders begehrten Unternehmen kann es aber auch Vorlaufzeiten von bis zu einem Jahr geben.

Die Erfahrung zeigt, dass bei der Suche nach einer Praktikumsfirma die Kunst in der Beschränkung liegt. Es gibt so viele Firmen, die Plätze anbieten, dass Sie sich eher überlegen müssen, für wen Sie sich entscheiden wollen, anstatt sich zu sorgen, wer Sie nehmen könnte. Die Entscheidung kann zwar manchmal schwer fallen, dafür ist Ihre Ausgangsposition aber aufgrund der großen Auswahl sehr komfortabel.

3. Kontaktaufnahme: Schriftlich, per E-Mail, persönlich oder telefonisch?

Nachdem Sie nun wissen, bei welchen Firmen Sie sich als Praktikant bewerben möchten, ist zu klären, wie die Kontaktaufnahme verlaufen soll. Es gibt verschiedene Wege, eine Firma anzusprechen: Sie können sich schriftlich, per E-Mail, im persönlichen Kontakt oder auch per Telefon ins Gespräch bringen.

Die Praxis zeigt, dass es nicht ausreicht, sich für eine einzige Art der Kontaktaufnahme zu entscheiden. Sie sollten alle Möglichkeiten kennen, um sie bei Bedarf miteinander kombinieren zu können. Jede Art der Kontaktaufnahme hat ihre Vor- und Nachteile, die wir Ihnen nun kurz vorstellen.

Schriftliche Kontaktaufnahme

Die schriftliche Kontaktaufnahme mittels einer Bewerbungsmappe ist für viele Praktikumsbewerber wohl die naheliegendste Möglichkeit. Nachdem die Adressen von interessanten Firmen herausgefunden worden sind, werden ein Anschreiben und ein Lebenslauf verfasst und an die Praktikumsfirmen versandt.

Vorteile der schriftlichen Kontaktaufnahme: Die Hemmschwelle für Bewerberinnen und Bewerber ist bei der schriftlichen Kontaktaufnahme sehr gering. Im Gegensatz zu einem persönlichen Gespräch, beispielsweise auf einer Firmenkontaktmesse, und auch im Gegensatz zu einem Telefonat, kann man aus der sicheren Deckung heraus aktiv werden. Sind die schriftlichen Unterlagen am heimischen Schreibtisch erst einmal entworfen, lassen sie sich mit wenig Aufwand verändern. So können viele Firmen angeschrieben werden.

Nachteile der schriftlichen Kontaktaufnahme: Der Vorteil, Bewerbungsunterlagen möglichst breit streuen zu können, ist zugleich auch der Nachteil der schriftlichen Kontaktaufnahme, insbesondere dann, wenn auf einen vorherigen persönlichen Kontakt verzichtet wird. Denn dann muss das Anschreiben zwangsläufig sehr allgemein gehalten werden.

Hinzu kommt die Gefahr, dass das Anschreiben insgesamt zu oberflächlich formuliert wird, wenn man die speziellen Wünsche der Firma an Praktikanten nicht vorab erfragt. Personalverantwortliche schalten aber schnell auf stur, wenn Bewerbungsunterlagen lieblos gestaltet werden. Die Gefahr, eine Absage zu bekommen, ist dann sehr groß.

Vorsicht Falle!
Anschreiben, die sich nicht an einen persönlichen Ansprechpartner richten, gehen in Firmen schnell unter, weil sich niemand richtig zuständig fühlt.

Fazit: Eine schriftliche Kontaktaufnahme mittels Anschreiben und Lebenslauf ist grundsätzlich für eine Bewerbung um einen Praktikumsplatz geeignet – die Erfolgschancen sind aber wesentlich höher, wenn man vorher persönlich Kontakt aufnimmt oder mit dem zuständigen Ansprechpartner in der Firma telefoniert.

Kontaktaufnahme per E-Mail

Die Firmen, die mit einer eigenen Homepage im Internet vertreten sind, sind auch über E-Mail erreichbar. Daher liegt es nahe, den Kontakt nicht nur schriftlich per Post, sondern auch alternativ per E-Mail aufzunehmen.

Vorteile der Kontaktaufnahme per E-Mail: Wer sich als Schüler oder Student für ein Praktikum bewirbt, verfügt meist nur über knappe finanzielle Mittel. Die Kosten für eine schriftliche Bewerbung (Mappe, Foto, Kopien, Briefumschlag, Porto) liegen schnell bei 10 Euro. Werden 20 Bewerbungsmappen zeitgleich versandt, sind auf einen Schlag 200 Euro an Kosten entstanden. E-Mail-Bewerbungen sind da weitaus kostengünstiger, da ein PC in der Regel vorhanden ist und auch der Internetanschluss mittlerweile eigentlich zum Standard gehört. Hinzu kommt, dass es die Firmen gewohnt sind, per E-Mail angeschrieben zu werden. Es gibt sogar große Unternehmen, die Bewerbungen ausschließlich online wünschen.

Nachteile der Kontaktaufnahme per E-Mail: An eine Kontaktaufnahme per E-Mail werden die gleichen Voraussetzungen wie an eine schriftliche Kontaktaufnahme per Post gestellt.

Besteht eine E-Mail nur aus ein paar lieblos aneinandergereihten Standardphrasen, aus denen nicht ersichtlich wird, worum es überhaupt geht, wird sie sofort gelöscht. Die Mitarbeiter in den Firmen haben schon genug mit ihren täglichen Aufgaben zu tun. Sie werden ihre knappen Zeitressourcen nicht damit verschwenden, beim Bewerber nachzuhaken, welche Wünsche er denn eigentlich hat.

Wichtig ist auch, vor dem Versand der E-Mail einen konkreten Adressaten herauszufinden. Sonst wird die E-Mail womöglich mit unerwünschter Werbung (Spam-Mails) verwechselt und schneller gelöscht, als Ihnen lieb ist.

Das sollten Sie sich merken:
Aus der E-Mail-Bewerbung sollte deutlich hervorgehen, dass es sich um eine Praktikumsbewerbung handelt. Aber auch der gewünschte Zeitraum, der angestrebte Einsatzbereich und die Motivation der Bewerbung müssen benannt werden.

Fazit: Die Kontaktaufnahme per E-Mail ist eine besonders kostengünstige Möglichkeit, um sich um einen Praktikumsplatz zu bewerben. Es gilt aber, die E-Mail gründlich auszuarbeiten, damit sie nicht genauso schnell, wie sie versandt wurde, im elektronischen Papierkorb der Firma landet.

Persönliche Kontaktaufnahme

Eine persönliche Kontaktaufnahme kann auf einer Firmenkontaktmesse, aber auch direkt in den Räumen des Unternehmens stattfinden. Gerade in kleineren Betrieben wird es durchaus gern gesehen, wenn künftige Praktikanten sich erst einmal vorstellen, bevor sie schriftliche Unterlagen einreichen.

Vorteile der persönlichen Kontaktaufnahme: Der wichtigste Vorteil der persönlichen Kontaktaufnahme ist der erste Eindruck, den Sie von der Praktikumsfirma bekommen. Ihr Gesprächspartner steht schließlich für die Firma, und an seiner Art, mit Ihnen zu reden und auf Sie einzugehen, können Sie schon eine Menge Rückschlüsse ziehen: Spricht man Sie freundlich an? Dürfen Sie eigene Fragen stellen? Und werden Sie nach Ihren Vorstellungen gefragt?

Von erheblichem Vorteil sind die speziellen Informationen für Praktikanten, die Sie bei einer persönlichen Kontaktaufnahme möglicherweise bekommen. So können Sie erfragen, ob es eine Mindestdauer für ein Praktikum gibt, ob Sie mehrere Abteilungen kennen lernen werden, ob ein Mindest- oder Höchstalter für Praktikanten vorgegeben ist und insbesondere, an wen Sie Ihre Bewerbung adressieren sollen.

Das sollten Sie sich merken:
Durch einen persönlichen Kontakt können Sie besser einschätzen, wie Sie in der Firma als Praktikant behandelt werden würden. Natürlich handelt es sich nur um einen vorläufigen ersten Eindruck, aber dieser ist oft sehr aussagekräftig.

Nachteile der persönlichen Kontaktaufnahme: Im Gegensatz zur schriftlichen ist die persönliche Kontaktaufnahme sehr zeitaufwändig. Wer einmal auf einer Firmenkontaktmesse war und dort mehrere Gespräche geführt hat, weiß, dass die eigenen Kapazitäten, aber auch die der Ansprechpartner auf der Firmenseite nach einiger Zeit erschöpft sind. Hinzu kommt die Notwendigkeit, jedes einzelne Gespräch vorzubereiten. Es bringt nichts, wahllos so viele Gespräche wie möglich zu führen. Ein paar Informationen über die Produkte oder Dienstleistungen der Firmen sollten Sie parat haben, damit Sie nicht als unvorbereiteter Bewerber abgestempelt werden, der nicht weiß, was er eigentlich will!

Fazit: Die persönliche Kontaktaufnahme ist zwar aufwändig, aber für Ihren Entscheidungsprozess außerordentlich nützlich. Sie können vorab spezielle Fragen klären und wichtige Informationen für Ihre anschließende schriftliche Bewerbung erhalten. Nicht zu unterschätzen ist auch der erste persönliche Eindruck, den Sie im Gespräch von der Praktikumsfirma bekommen.

Telefonische Kontaktaufnahme

Eine telefonische Kontaktaufnahme bietet sich immer dann an, wenn die Praktikumsfirma sehr groß ist und ein unangemeldeter Besuch wenig Aussicht auf Erfolg hat, weil Sie schon vom Pförtner abgeblockt werden würden. Sie ist auch nützlich, wenn die Praktikumsfirma sehr weit entfernt ist. Schließlich fallen die Kosten für einen Telefonanruf – im Gegensatz zu einer persönlichen Anreise – kaum ins Gewicht.

Vorteile der telefonischen Kontaktaufnahme: Die Vorteile sind ähnlich wie bei der eben dargestellten persönlichen Kontaktaufnahme: Sie bekommen bei einem vorab geführten Telefonat einen ersten Eindruck davon, wie das (Arbeits-)Klima in der Praktikumsfirma ist. Dieser Eindruck ist nicht unwichtig, denn Sie werden einige Wochen oder sogar Monate in der Firma verbringen. Und wenn Sie schon am Anfang Zweifel haben, ob Sie es dort über einen längeren Zeitraum aushalten werden, sollten Sie diese Bedenken ernst nehmen und es lieber noch einmal bei einer anderen Firma versuchen. Aber auch das Gegenteil kann der Fall sein: Das Telefonat kann so motivierend und freundlich verlaufen, dass Sie jetzt erst recht alles daran setzen, bei gerade dieser Firma einen Praktikumsplatz zu bekommen.

Besonders nützlich ist das persönliche Telefongespräch auch deshalb, weil Sie auf diese Weise einen konkreten Ansprechpartner für Ihre Bewerbungsmappe herausfinden können. Wenn das Gespräch gut verläuft, kann es auch vorkommen, dass Ihnen gleich ein Termin für ein Vorstellungsgespräch angeboten wird. Dann haben Sie die Hürde der schriftlichen Bewerbung ohne jede Anstrengung übersprungen.

Nachteile der telefonischen Kontaktaufnahme: Personalverantwortliche, Geschäftsführer oder sonstige Ansprechpartner für künftige Praktikanten reagieren auf Anrufer immer dann verärgert, wenn die Bewerber sich nicht vorbereitet haben. Sie verstehen sich nämlich nicht als Berufsberater. Wenn Bewerber beispielsweise nicht einmal wissen, ob sie lieber ein Praktikum im kaufmännischen oder im technischen Bereich machen möchten, erlischt die kleine Flamme Sympathie sofort. Dann geht es nur noch darum, den Anrufer schnell abzuwimmeln.

Vorsicht Falle!
Auf die Beantwortung der Frage »Warum wollen Sie denn ausgerechnet bei uns ein Praktikum machen?« sollten Bewerber bei Telefonaten immer gut vorbereitet sein. Schauen Sie sich dazu das Kapitel 4 »Begründung: Warum sollten wir Sie als Praktikanten beschäftigen?« auf den Seiten 34–46 an.

Fazit: Es gehört für viele Bewerberinnen und Bewerber einiges an Überwindung dazu, bevor sie sich trauen, bei einer Praktikumsfirma anzurufen. Dieses Zögern ist berechtigt, da ein schlecht geführtes Telefonat offene Türen sofort wieder zuschlägt. Sie sollten die telefonische Gesprächsaufnahme gründlich vorbereiten, denn wenn ein Telefongespräch erfolgreich verläuft, kann es auch sehr schnell zu einem persönlichen Treffen führen.

Sie haben gesehen, dass es nicht den einen Königsweg für den ersten Kontakt gibt. Viel hängt auch von Ihren persönlichen Vorlieben und den Wünschen der Firmen an die Art der Kontaktaufnahme ab. Idealerweise kombinieren Sie die verschiedenen Möglichkeiten und fahren mehrgleisig. Was dabei im Detail zu beachten ist, werden wir Ihnen im weiteren Verlauf erläutern.

Zuvor zeigen wir Ihnen aber, mit welchen Argumenten Sie bei der Kontaktaufnahme überzeugen können. Erarbeiten Sie sich mit unserer Hilfe eine schlagkräftige Begründung für Ihren Praktikumswunsch. Dieses individuelle Profil können Sie dann sowohl bei der schriftlichen, der persönlichen, der telefonischen als auch der Kontaktaufnahme per E-Mail einsetzen.

4. Begründung: Warum sollten wir Sie als Praktikanten beschäftigen?

Die ausgesprochene oder unausgesprochene Frage, die bei jeder Bewerbung um ein Praktikum im Raum steht, lautet: »Warum sollten wir gerade Sie als Praktikanten nehmen?« Nicht nur in Vorstellungsgesprächen werden Sie diese Frage überzeugend beantworten müssen, sondern auch schon vorher.

Wenn beispielsweise der für Personalfragen verantwortliche Firmenmitarbeiter oder der Geschäftsführer Ihre schriftliche Bewerbung per Post oder E-Mail auswertet, wird er nach Anhaltspunkten suchen, die für Sie als Praktikanten sprechen. Gleiches gilt für die persönliche oder telefonische Kontaktaufnahme: Sie müssen auch im direkten Gespräch in der Lage sein, mit wenigen Sätzen begründen zu können, was für Sie spricht und wo Ihre Stärken liegen. Sonst sind Ihre Bewerbungsbemühungen von Anfang an zum Scheitern verurteilt.

Verständnisschwierigkeiten überwinden

Für unvorbereitete Bewerberinnen und Bewerber ist es in der Regel sehr schwer, deutlich zu machen, warum eine Firma ihnen einen Praktikumsplatz geben sollte.

Denn aufseiten der Bewerber besteht oft Unklarheit darüber, was die Firmen überhaupt hören wollen, beziehungsweise darüber, was man Firmen sagen darf. Die Sprache der Firmen und der Bewerber ist nun einmal verschieden, und wenn Bewerber dies bei ihrer Praktikumssuche nicht berücksichtigen, werden sie im wahrsten Sinne des Wortes kein Gehör bei den Firmen finden.

Zu bedenken ist auch, dass es häufig einen Unterschied zwischen den Gründen gibt, aus denen man tatsächlich ein Praktikum machen möchte, und denen, die von Firmen als angemessen angesehen werden. Keine Firma fühlt sich geschmeichelt, wenn der Praktikumswunsch in einem Anschreiben beispielsweise so formuliert wird: »Nach der Studienordnung des Fachbereiches Technik muss ich ein zweimonatiges Praktikum im dritten Semester absolvieren. Daher möchte ich bei Ihnen als Praktikant tätig werden.« Mit derartigen Formulierungen stellen sich Bewerber selbst ins Abseits.

Damit Sie ein Gefühl dafür bekommen, was Firmen auf keinen Fall hören wollen, haben wir für Sie in der Übersicht »Ungeeignete Begründungen« einige unvorteilhafte Argumente zusammengestellt und für Sie übersetzt, wie sie auf der Firmenseite verstanden werden.

Ungeeignete Begründungen

Ungeeignete Begründungen		**Deutung der Firmenseite**
»Ich weiß nicht genau, was ich beruflich so machen könnte, deswegen möchte ich bei Ihnen ein Praktikum absolvieren.«	→	»Der Bewerber weiß nicht, was ihn bei uns erwartet. Wenn er mit unseren Anforderungen konfrontiert wird, bricht er das Praktikum ab.«
»Mein Lehrer hat gesagt, ich soll bei Ihnen fragen, ob Sie mir einen Praktikumsplatz geben könnten.«	→	»Es gibt keine innere Motivation der Bewerberin, sie braucht grundsätzlich viel Anleitung und wird bei uns kaum aus eigener Initiative tätig werden.«

»Ich komme im Studium nicht so richtig weiter, deswegen möchte ich ein Praktikum machen.« →	»Der Bewerber flieht vor Problemen im Studium. Wenn es bei uns nicht gut läuft, schmeißt er ebenfalls alles hin.«
»Die Berufsberaterin meinte, dass mir ein Praktikum helfen könnte.« →	»Unsere Firma ist keine Berufsberatung – wenn die Bewerberin nicht weiß, was sie selbst will, wird sie uns bei der Arbeit keine große Hilfe sein.«
»Meine Freunde haben schon alle ein Praktikum gemacht, deswegen denke ich, dass ich jetzt auch ein Praktikum durchziehen sollte.« →	»Schon wieder so ein zielloser Bewerber, der erst dann aktiv wird, wenn es fast zu spät ist.«

Bloße Kritik an unvorbereiteten Bewerbern um einen Praktikumsplatz bringt Sie natürlich noch nicht weiter. Es ist aber wichtig und hilfreich, erst einmal zu verstehen, welche Fehler Sie auf jeden Fall vermeiden sollten. In einem zweiten Schritt werden wir Ihnen jetzt erklären, wie Sie sich eine überzeugende Begründung erarbeiten können. Lassen Sie sich zeigen, auf welche Argumente Firmen positiv reagieren und was Sie sagen können, um zum Wunschbewerber zu werden.

An dieser Stelle kommt unsere Profil-Methode®, die wir Ihnen eingangs vorgestellt haben, zum Einsatz. Sie erinnern sich: Bewerber haben dann Erfolg, wenn Ihre Bewerbungen passgenau, stärkenorientiert und glaubwürdig sind.

Passgenauigkeit: Aus Ihrer Bewerbung sollte hervorgehen, dass Sie sich mit den Anforderungen an Praktikanten beschäftigt und sich über mögliche Einsatzfelder informiert haben. Verdeutlichen Sie, dass Sie wissen, was Sie wollen und was auf Sie zukommt.

Stärkenorientierung: Damit die Firmenseite bereit ist, Sie mitarbeiten zu lassen, sollten Sie Ihre Stärken rechtzeitig ins Spiel bringen. Hierzu gehören Nebenjobs, Lieblingsfächer in der Schule oder im Studium, ehrenamtliche Tätigkeiten oder passende Hobbys und Freizeitinteressen. Untermauern Sie Ihren Praktikumswunsch mit konkreten Begründungen.

Glaubwürdigkeit: Im Bewerbungsverfahren überzeugt weder der Supermann, der behauptet, alles zu können, noch die graue Maus, die vor Aufregung kein Wort herausbekommt. Es gilt, einen Mittelweg zu finden. Machen Sie positiv auf sich aufmerksam, indem Sie sich mit glaubwürdigen Argumenten präsentieren.

Wie sich unsere Profil-Methode® in der Praxis anwenden lässt, zeigen Ihnen die folgenden Beispiele für gute Begründungen. Obwohl die Beispielbewerber nur wenige Sätze äußern, lösen sie damit bei den Entscheidern in den Firmen die gewünschte Wirkung aus. Lassen Sie sich von den guten Argumenten inspirieren!

Gute Begründungen

Gute Begründungen		Deutung der Firmenseite
»Ich interessiere mich schon länger für kaufmännische Berufsfelder, daher studiere ich auch BWL an der Fachhochschule. Ich würde im Praktikum in Ihrer Firma sowohl den Verkauf als auch den Service gerne näher kennen lernen. Erste Verkaufserfahrungen habe ich in meinen Nebenjobs gesammelt.«	→	»Der Bewerber hat eine klare berufliche Ausrichtung. Er hat sich mit möglichen kaufmännischen Einsatzfeldern nach dem Studium beschäftigt und ist bei uns in den Bereichen Verkauf, Vertrieb und Service einsetzbar.«
»Meine Stärken in der Schule liegen in den Fächern Technik, Mathematik und Physik. Ich möchte jetzt ein Praktikum in Ihrer Firma machen, um das Berufsfeld einer Fluggerätmechanikerin besser kennen zu lernen.«	→	»Die Bewerberin kennt ihre fachlichen Stärken, ihr Berufswunsch stimmt damit überein. Sie sollte bei uns ein Praktikum machen, weil wir engagierten Praktikanten gerne auch einen Ausbildungsplatz anbieten.«
»Meine Lieblingsfächer in der Schule sind Kunst und Deutsch. Ich bin auch in der Theater-AG aktiv, nehme die Auftritte auf Video auf und gestalte die Plakate und Einladungen. Jetzt möchte ich gerne in Ihrer Werbeagentur ein Praktikum machen, um den Beruf des Grafikdesigners in der Praxis zu erleben.«	→	»Der Bewerber ist engagiert, hat eine künstlerische Ader und einen Sinn fürs Praktische. Er sollte bei uns ein Praktikum machen, um mitzuarbeiten und die praktischen Anforderungen an Grafikdesigner möglichst frühzeitig kennen zu lernen.«
»Ich bin Sportstudentin und organisiere regelmäßig Volleyballturniere, leite Sport-AGs und arbeite nebenbei in einem	→	»Die Sportstudentin sucht sich aktiv Betätigungsfelder. Sie weiß, dass die Beschäftigungsmöglichkeiten für Absolventen

Fitnessstudio. Jetzt möchte ich gerne in Ihrem Wellness-Center ein Praktikum machen, um mitzuarbeiten und weitere Praxiserfahrung zu sammeln.«	dieser Fachrichtung begrenzt sind. Daher sieht sie sich rechtzeitig nach Alternativen um und ist bereit, in unserem Wellness-Center mit anzupacken.«
»Ich habe das Vordiplom als Informatiker erfolgreich bestanden und möchte meine neuen Kenntnisse auch in der Praxis einsetzen. Für Freunde und Bekannte habe ich schon Websites aufgebaut und Datenbanken programmiert. Ich möchte bei Ihnen als Praktikant diese Kenntnisse vertiefen.«	→ »Der Bewerber verfügt über aktuelles Fachwissen und ist praxisorientiert. Nicht die Technik, sondern die Anwendungsmöglichkeiten stehen bei ihm klar im Vordergrund. Ein Praktikum wäre eine gute Möglichkeit um festzustellen, ob wir diesen Informatiker schon während seines Studiums auf Honorarbasis in laufende Projekte mit einbinden sollten.«

Überzeugende Werbung in eigener Sache

Unsere guten Begründungen haben sicherlich auch Sie überzeugt. Damit Ihre Werbung in eigener Sache bei den Firmen ebenfalls die erwünschte Wirkung hat, werden wir Ihnen nun zeigen, wie Sie sich selbst zum passgenauen, stärkenorientierten und glaubwürdigen Bewerber machen können.

Dabei hilft Ihnen unsere Übung weiter unten. Die auf unsere Fragen gefundenen Antworten sind das Fundament Ihrer weiteren Bewerbungsbemühungen. Nehmen Sie sich deshalb ausreichend Zeit: Je gründlicher Sie jetzt vorgehen, desto mehr Argumente haben Sie später bei der schriftlichen oder mündlichen Begründung Ihres Praktikumswunsches zur Hand.

Machen Sie eine Bestandsaufnahme

Was ist Ihr Praktikumsziel?

____

____

Welches sind Ihre Lieblingsfächer in der Schule?
Erstes Lieblingsfach:

____

____

Zweites Lieblingsfach:

____

____

Drittes Lieblingsfach:

____

____

Über welche PC-Kenntnisse verfügen Sie?
Erstes Programm:

____

____

Zweites Programm:

____

____

Drittes Programm:

____

____

Welche Nebenjobs haben Sie bereits übernommen?
Erster Nebenjob:

____

____

Zweiter Nebenjob:

____

____

Womit beschäftigen Sie sich in Ihrer Freizeit?
Erstes Hobby:

____

____

Zweites Hobby:

____

____

Damit Sie sehen, wie sich diese Übung in der Praxis bewältigen und für die weiteren Bewerbungsaktivitäten nutzen lässt, haben wir für Sie zwei Praxisbeispiele ausgearbeitet. Im ersten Beispiel ist die Bestandsaufnahme von einem Schüler ausgefüllt worden, im zweiten von einer Studentin.

Bestandsaufnahme eines Schülers

Zunächst zeigen wir Ihnen, welche Antworten der Schüler André Schmidt auf unsere Fragen gefunden hat. Im Anschluss daran sehen Sie, wie er die gewonnenen Kenntnisse nutzt, um seinen Praktikumswunsch schriftlich und persönlich wirkungsvoll zu begründen.

Beispiel

So könnten die Antworten eines Schülers aussehen:

Praktikumsziel: Berufsfeld Versicherungskaufmann näher kennen lernen

Lieblingsfächer: Deutsch, Mathematik

PC-Kenntnisse: Word, Internet

Nebenjobs: Promotion für Handys auf Messen, Zeitungen austragen

Hobbys: Freunde treffen, Rennrad fahren

Gute Begründung im Anschreiben oder in einer E-Mail

In einem Anschreiben oder in einer E-Mail könnte André Schmidt seinen Praktikumswunsch so formulieren:

Sehr geehrte Frau Müller,

auf Ihrer Firmenwebsite habe ich gesehen, dass Sie regelmäßig Praktikumsplätze anbieten. Ich interessiere mich für ein zweiwöchiges Praktikum in Ihrer Versicherungsgesellschaft zwischen dem 1. Juli und dem 15. August 2011, um das Berufsfeld eines Versicherungskaufmannes näher kennen zu lernen.

In der Schule gehören Deutsch und Mathematik zu meinen Lieblingsfächern. Ich kann gut mit dem PC umgehen und beherrsche die Textverarbeitung Word. Auch Suchmaschinen im Internet benutze ich häufig. Den Umgang mit Kunden kenne ich aus meinen Nebenjobs. So habe ich Promotionsaktionen für eine Handyfirma auf Messen durchgeführt und Zeitungen ausgetragen. In meiner Freizeit treffe ich mich gerne mit meinen Freunden, um etwas zu unternehmen, oder trainiere mit meinem Rennrad.

Ich würde mich freuen, wenn ich mich Ihnen in einem persönlichen Gespräch vorstellen dürfte.

Mit freundlichen Grüßen

André Schmidt

Gute Begründung in einem persönlichen Gespräch oder Telefonat

Bei einer persönlichen oder telefonischen Kontaktaufnahme könnte er sich wie in diesem Positivbeispiel präsentieren.

»Guten Tag, mein Name ist André Schmidt. Ich interessiere mich für ein zweiwöchiges Praktikum in Ihrer Versicherungsgesellschaft, um das Berufsfeld eines Versicherungskaufmannes näher kennen zu lernen.
In der Schule gehören Deutsch und Mathematik zu meinen Lieblingsfächern. Ich kann gut mit dem PC umgehen und beherrsche die Textverarbeitung Word. Den Umgang mit Kunden kenne ich aus meinen Nebenjobs. So habe ich beispielsweise Promotionsaktionen für eine Handyfirma auf Messen durchgeführt. An wen müsste ich denn meine Bewerbung richten?«

Bestandsaufnahme einer Studentin

Auch hier sehen Sie zuerst die Antworten, die die BWL-Studentin Tamara Nolte auf unsere Fragen gefunden hat. Danach zeigen wir Ihnen, wie sie diese überzeugend nutzt.

Beispiel

Die Bestandsaufnahme einer Studentin könnte so aussehen:

Praktikumsziel: zweimonatiges Praktikum, um Kenntnisse aus dem BWL-Studium in der Praxis anzuwenden und zu vertiefen.

Lieblingsfächer: Direktmarketing, Marketing-Mix, Konsumgütermarketing

PC-Kenntnisse: Statistik, Tabellenkalkulation, Textverarbeitung

Nebenjobs: Studenteninitiativen: Projekt »Event-Marketing«, Projekt »Wettbewerberanalysen«

Gute Begründung im Anschreiben oder in einer E-Mail

Im Anschreiben oder in einer E-Mail könnte Frau Nolte ihren Praktikumswunsch begründen wie in dem folgenden Positivbeispiel.

Sehr geehrter Herr Mayer,

gerne möchte ich in Ihrem Unternehmen ein zweimonatiges Praktikum in den Bereichen Marketing und Vertrieb machen. In meinem BWL-Studium an der LMU München habe ich grundlegende Kenntnisse in den Gebieten Direktmarketing, Marketing-Mix und Konsumgütermarketing erworben. Ich arbeite regelmäßig mit Computerprogrammen zu Statistik, Tabellenkalkulation und Textverarbeitung. Seit zwei Jahren bin ich auch aktives Mitglied der Studenteninitiative »Marketing-Praxis«. Mit Studienkollegen habe ich zwei Firmenprojekte mit den jeweiligen Schwerpunkten »Event-Marketing« und »Wettbewerberanalysen« durchgeführt.

Meine Kenntnisse aus dem Studium und meine ersten praktischen Erfahrungen würde ich gerne bei Ihnen vertiefen und in der Praxis anwenden. Über die Einladung zu einem persönlichen Gespräch würde ich mich sehr freuen.

Mit freundlichen Grüßen

Tamara Nolte

Gute Begründung in einem persönlichen Gespräch oder Telefonat

Bei einer persönlichen oder telefonischen Kontaktaufnahme könnte sich die Studentin folgendermaßen präsentieren:

»Guten Tag, mein Name ist Tamara Nolte. Ich würde gerne in Ihrem Unternehmen ein zweimonatiges Praktikum in den Bereichen Marketing und Vertrieb durchführen. Ich studiere Marketing an der LMU München und arbeite auch in der Studenteninitiative ›Marketing-Praxis‹ mit. So habe ich bereits zwei Firmenprojekte mit den jeweiligen Schwerpunkten ›Event-Marketing‹ und ›Wettbewerberanalysen‹ mitbetreut. Mich würde interessieren, ob Praktikanten bei Ihnen an konkreten Projekten mitarbeiten können. Gibt es diese Möglichkeit?«

Unsere Beispiele der Bestandsaufnahme eines Schülers und einer Studentin und die Umwandlung dieser Bestandsaufnahmen in schriftliche und mündliche Begründungen haben gezeigt, wie eine gute Begründung für die Bewerbung um einen Praktikumsplatz inhaltlich aufgebaut ist.

Wenn Sie sich bei Ihren Bewerbungen an unseren Beispielen orientieren, dann sind weder ausführliche Begründungen im Rahmen eines Anschreibens oder einer E-Mail noch knapper gehaltene Begründungen im Rahmen eines persönlichen Gesprächs oder eines Telefongesprächs in einer Firma für Sie eine Hürde.

Nachdem Sie in diesem Kapitel das Fundament für die inhaltliche Seite Ihrer Bewerbung gelegt haben, geht es im Folgenden um die formalen Besonderheiten, die bei einer schriftlichen, elektronischen, persönlichen oder telefonischen Kontaktaufnahme ebenfalls zu beachten sind.

5. Schriftliche Kontaktaufnahme: Ihre Bewerbungsunterlagen

Wie Sie bereits wissen, können Sie sich auf verschiedenen Wegen um einen Praktikumsplatz bewerben. An einer schriftlichen Bewerbung kommen Sie im Endeffekt meist nicht vorbei. Denn auch wenn Sie einen persönlichen oder telefonischen Kontakt erfolgreich aufgenommen haben, müssen Sie im Anschluss üblicherweise eine (kurze) schriftliche Bewerbung nachreichen.

Daher erfahren Sie nun, was alles in eine Bewerbungsmappe gehört und worauf bei der Ausarbeitung der einzelnen Unterlagen zu achten ist. Dabei beschränken wir uns auf so wenig Theorie wie nötig und liefern Ihnen so viel Praxis wie möglich. Lernen Sie aus den folgenden Negativbeispielen, lassen Sie sich von den Positivbeispielen anregen, und nutzen Sie die vielen Checklisten, um eine erstklassige schriftliche Bewerbung auszuarbeiten.

So gelingt Ihr Anschreiben

Der Realschüler Jörg Wittstock sucht einen Praktikumsplatz, um in seinem dreiwöchigen Schulpraktikum kaufmännische Arbeitsfelder näher kennen zu lernen. Über die Suche im Internet hat er herausgefunden, dass sein Wunschunternehmen regelmäßig Praktikumsplätze anbietet. Leider weiß er nicht so recht, wie er das Anschreiben seiner schriftlichen Bewerbung an die Firma gestalten soll. Er ist der Meinung, dass man möglichst nicht zu viele Worte verlieren sollte, da die Firmen von Bewerbungen sowieso überhäuft werden würden.

Beispiel 1

Jörg Wittstock, Celler Straße 23, 38114 Braunschweig

PERSONAL
Werbemittel KG
Gewerbestraße 88
38122 Braunschweig

Braunschweig, 07.06.2011

Bewerbung

Sehr geehrte Firma Werbemittel,

ich suche dringend einen Praktikumsplatz. Mit großem Interesse habe ich gehört, dass Sie Praktikumsplätze anbieten. Gerne stelle ich mich persönlich vor.

MfG
Jörg Wittstock

Mit seiner Einschätzung, dass Firmen häufig darüber klagen, sehr viele Bewerbungen zu bekommen, liegt Jörg Wittstock zwar richtig, aber genau so viele Unternehmen beklagen auch die schlechte Qualität der allermeisten Bewerbungen. Und dazu gehört leider auch das Anschreiben von Jörg Wittstock.

Schon ein erster flüchtiger Blick auf das Anschreiben macht klar, dass der Bewerber sich um die ungeliebte Aufgabe, ein aussagekräftiges Anschreiben zu verfassen, am liebsten mit wenig Aufwand herumdrücken möchte. In seiner Adresse gibt er nicht einmal eine Telefonnummer an, geschweige denn eine E-Mail-Adresse oder eine Handynummer.

Auch die Firmenanschrift enthält grobe Fehler. Das Wort »PERSONAL« ist verwirrend, sicherlich meint der Bewerber »Personalabteilung«. Diese Bezeichnung gehört aber unter den Firmennamen und nicht darüber. Hinzu kommt, dass die aufgeführte Rechtsform falsch ist. Es heißt nicht »Werbemittel KG«, sondern richtigerweise »Werbemittel GmbH«.

Die Betreffzeile »Bewerbung« lässt den Leser in der Personalabteilung im Unklaren, worum es eigentlich geht. Handelt es sich um eine Bewerbung für eine feste Stelle? Oder ist es vielleicht eine Bewerbung für einen Ausbildungsplatz?

Mit der Anrede »Sehr geehrte Firma Werbemittel« sorgt Jörg Wittstock für ungewollte Heiterkeit. Diese Anrede ist zwar originell, aber bei der Suche nach einem Praktikumsplatz sicherlich nicht hilfreich. Hier hätte sich der Bewerber vorher erkundigen müssen, an wen die Praktikumsbewerbung zu richten ist.

Beginnen Anschreiben mit »ich«, haben Bewerber grundsätzlich schlechte Karten. Auch Jörg Wittstock schreibt »ich suche dringend einen Praktikumsplatz«. In Personal- und Ausbildungsabteilungen wird dies als unhöflich und egoistisch gewertet. Es wäre besser gewesen, wenn Jörg Wittstock beschrieben hätte, was er denn für die Firma leisten kann, bevor er seine Wünsche äußert.

Das Anschreiben ist am Ende, bevor es mit den Informationen überhaupt losgegangen ist. Es wird weder klar, wann das Praktikum beginnen und wie lange es dauern soll, noch ob der Bewerber Schüler oder Student ist.

Die von Jörg Wittstock verwandte Kurzformel »MfG« zeigt ein weiteres Mal, dass dieser Bewerber die Gepflogenheiten des Geschäftsverkehrs auch nicht ansatzweise kennt. Fazit: In der Kürze liegt nicht immer die Würze; diese Standardbewerbung wird umgehend zusammen mit einer Standardabsage zurückgeschickt werden.

Jörg Wittstock, Celler Straße 23, 38114 Braunschweig
wittstock088@aol.de, Handy 0165 1212345

Werbemittel GmbH
Frau Lagerhoff
Gewerbestraße 88
38122 Braunschweig

Braunschweig, 07.06.2011

Bewerbung um einen Praktikumsplatz (Realschule)
- dreiwöchiges Praktikum vom 10.10. bis 28.10.2011

Sehr geehrte Frau Lagerhoff,

auf Ihrer Firmenwebsite habe ich gelesen, dass Sie Praktikumsplätze anbieten. Ich bin Schüler der Klasse 9a der Friedrich-Ebert-Realschule und möchte mein dreiwöchiges Schulpraktikum gerne bei Ihnen absolvieren.

Insbesondere kaufmännische Arbeitsbereiche (Verkauf, Einkauf, Kundenservice) interessieren mich sehr, da ich nach der Schule eine Ausbildung zum Groß- und Außenhandelskaufmann machen möchte.

Zu meinen Lieblingsfächern in der Schule gehören Englisch und Mathematik. Ich habe auch den PC-Führerschein in der Schule gemacht und kenne daher die Programme Word und Excel.

In meiner Freizeit spiele ich gerne Handball und treffe mich mit Freunden. Ich gebe Schülern der Klassenstufen 5 bis 8 auch Nachhilfe in Mathematik.

Gerne würde ich mich in einem Gespräch persönlich vorstellen.

Mit freundlichen Grüßen
Jörg Wittstock

Glücklicherweise geht es auch anders als im Negativbeispiel. Jörg Wittstock hat sich noch einmal gründlich informiert und sein Anschreiben komplett überarbeitet – mit dem Ergebnis, dass die neue Version überzeugen kann.

Diesmal sind seine Adressangaben vollständig. Unter der angegebenen E-Mail-Adresse oder unter der Handynummer kann die Firma ihn gegebenenfalls schnell erreichen. Auch die Firmenanschrift enthält nun keine Fehler mehr. Sowohl die Rechtsform »Werbemittel GmbH« als auch die herausgefundene Ansprechpartnerin »Frau Lagerhoff« werden korrekt aufgeführt.

Personal- und Ausbildungsverantwortliche leiden immer unter Zeitknappheit. Umso überzeugender ist es, wenn Bewerber in ihrem Anschreiben gleich auf den Punkt kommen. Die Betreffzeile »Bewerbung um einen Praktikumsplatz (Realschule)« macht sofort klar, worum es geht. Und auch der Wunschzeitraum wird vom Bewerber genannt.

Das Anschreiben beginnt Jörg Wittstock diesmal nicht mit dem Wort »ich«, sondern mit dem Satz »auf Ihrer Firmenwebsite habe ich gelesen …«. Damit stellt er die Weichen für seine Bewerbung ganz anders, weil er zwischen den Zeilen bereits mitteilt »ich kenne mich mit dem Internet aus, habe mich über Ihre Firma informiert und möchte nun bei Ihnen mitarbeiten und etwas lernen«.

Was der Bewerber im Praktikum bevorzugt lernen möchte, benennt er ebenfalls. Ihn interessieren die Bereiche »Verkauf, Einkauf, Kundenservice«. Diese Informationen sind nicht vom Himmel gefallen. Jörg Wittstock hat sie auf der Firmenwebsite gefunden und geschickt ins Anschreiben einfließen lassen.

Die Begründung für seinen Praktikumswunsch ist schlüssig. Er verweist auf passende Schulfächer und seine PC-Kenntnisse. In seiner Freizeit ist er gesellig, was Personal- und Ausbildungsverantwortliche mit »teamfähig« übersetzen. Sein interessantes Profil rundet er mit dem Hinweis auf seine Tätigkeit als »Nachhilfelehrer« für Mathematik ab. Ein echter Zahlenmensch, der sich in kaufmännischen Berufsfeldern sicherlich gut zurechtfinden wird.

Wenn der Lebenslauf von Jörg Wittstock genauso überzeugt wie sein Anschreiben, ist ihm die Einladung zum Vorstellungsgespräch so gut wie sicher.

Beispiel 2

Die Studentin Elena Berger möchte nach dem Studium der Agrarwissenschaften in der Produktentwicklung arbeiten. Erste Berufserfahrungen hat sie in diesem Bereich bereits gesammelt; diese möchte sie nun bei einem Praktikum bei der Kunststoff GmbH vertiefen.

Elena Berger
Süderstraße 58, 47809 Krefeld
Tel. 02151 234532, Handy 0162 2212367
E-Mail: elena.berger@t-online.de

Kunststoff GmbH
Herr Klaus Götschin
Marktplatz 41
47808 Krefeld

Krefeld, 30. November 2011

Bewerbung um einen Praktikumsplatz im Bereich Produktentwicklung
Ihre Firmenwebsite www.kunststoffgmbh.de, mein Wunschzeitraum: Februar/März 2012

Sehr geehrter Herr Götschin,

mit qualitätsrelevanten Fragestellungen beschäftigte ich mich einerseits theoretisch in meinem Master-Studiengang Agrarwissenschaften an der FH Krefeld, andererseits bereits in der Praxis. So habe ich in meinem Praktikum bei der Futtermittel GmbH in der Abteilung Qualitätssicherung an Produkttests mitgearbeitet und Wareneingangs- und -ausgangskontrollen durchgeführt. Diese Kenntnisse würde ich gern als Praktikantin im Bereich Produktentwicklung bei der Kunststoff GmbH einsetzen.

Die von Ihnen gewünschten Business-Englischkenntnisse habe ich mir in einem Auslandspraktikum in Irland bei der Technical Sales angeeignet und dort auch regelmäßig an Kundenschulungen, Beratungs- und Verkaufsgesprächen teilgenommen. Ein sicherer Umgang mit den MS Office-Programmen Word, Excel und Powerpoint ist für mich selbstverständlich.

Ich würde mich freuen, Ihnen in einem persönlichen Gespräch weitere Informationen geben zu können.

Mit freundlichen Grüßen

Elena Berger

Das Anschreiben von Elena Berger wirkt bereits auf den ersten Blick lesefreundlich. In der Firmenanschrift sowie in der Anrede wird der zuständige Personalverantwortliche, Herr Klaus Götschin, namentlich genannt. Die personalisierte Form der Ansprache bringt der Bewerberin erste Pluspunkte.

Der Text selbst ist klar in mehrere Absätze gegliedert. Elena Berger hält sich nicht mit Floskeln auf, sondern kommt gleich zur Sache und beschreibt, welche beruflichen Erfahrungen sie in ihrem Praktikum bei der Futtermittel GmbH bereits sammeln konnte. Es tauchen bereits wichtige Schlagworte wie »Produkttests« und »qualitätsrelevante Fragestellungen« auf.

Mit der Erwähnung ihres Auslandspraktikums stellt Frau Berger heraus, dass sie über gute Business-Englischkenntnisse verfügt und diese auch in der Praxis, nämlich bei »Kundenschulungen, Beratungs- und Verkaufsgesprächen« anwenden kann.

Die PC-Kenntnisse runden Elena Bergers Profil ab. Der Personalverantwortliche wird nach dem Lesen des informativen Anschreibens keine Zweifel daran haben, dass sich die Bewerberin über den zu vergebenden Praktikumsplatz gründlich informiert hat und ihre Stärken genau hier einbringen will.

Darauf sollten Sie in Ihrem Anschreiben achten

- ◯ Führen Sie im Anschreiben Ihre Kontaktdaten vollständig auf (Postadresse, Telefonnummer, Handynummer und E-Mail-Adresse).
- ◯ Achten Sie darauf, dass der Firmenname richtig geschrieben ist und die Rechtsform stimmt (GmbH, KG oder AG).

- ◯ Geben Sie Erstellungsort und -datum an.
- ◯ Richten Sie Ihre Bewerbung an einen persönlichen Ansprechpartner.
- ◯ Achten Sie darauf, dass Sie den Namen des Personal- oder Ausbildungsverantwortlichen richtig geschrieben haben.
- ◯ Machen Sie in der Betreffzeile deutlich, dass es sich um eine Praktikumsbewerbung handelt.
- ◯ Zeigen Sie im Anschreiben, dass Sie sich über mögliche Einsatzfelder im Praktikum informiert haben.
- ◯ Begründen Sie Ihren Praktikumswunsch nachvollziehbar (Schulfächer/Hochschulfächer, Nebenjobs, Freizeitinteressen, PC-Kenntnisse, Sprachkenntnisse).
- ◯ Machen Sie klar, wann das Praktikum beginnen soll und wie lange es dauern könnte.
- ◯ Gliedern Sie das Anschreiben lesefreundlich in mehrere Blöcke.
- ◯ Beenden Sie Ihr Anschreiben mit der Bitte um eine Einladung zum Vorstellungsgespräch.
- ◯ Unterschreiben Sie das Anschreiben mit Vor- und Zunamen.
- ◯ Achten Sie darauf, dass das Anschreiben fehlerfrei ist.

Wenn Sie an weiteren Beispielen und Mustern für aussagekräftige Anschreiben – aber auch Lebensläufe, Bewerbungsfotos und Motivationsseiten – interessiert sind, empfehlen wir Ihnen unsere Ratgeber *Die besten Bewerbungsvorlagen für Hochschulabsolventen* oder *Die Bewerbungsmappe mit Profil für die Ausbildungsplatzsuche*. Dort finden Sie viele weitere überzeugende Beispiele im Originalformat.

Auch der Lebenslauf muss überzeugen

Nach einem überzeugenden Anschreiben sollte Ihre Bewerbung genauso überzeugend weitergehen.

Beispiel 1

Die Hauptschülerin Nicole Schreiber möchte gerne ein Praktikum in einem Kindergarten machen, weil sie sich für eine Ausbildung zur Erzieherin interessiert. Warum sie sich überhaupt schriftlich bewerben soll, ist ihr schleierhaft. Schon für das Anschreiben hat sie zwei Nachmittage gebraucht, jetzt verlässt sie endgültig die Lust. Ihren Lebenslauf hat sie deshalb in aller Schnelle heruntergeschrieben.

Nicole Schreiber
Geburtsdatum: 9.12.1996
Geburtsort: Regensburg
Familienstand: ledig

Grundschule Regensburg Süd
Realschule Regensburg
Hauptschule Regensburg

Computerkenntnisse

Kurzpraktika
Girls Day 2009
Girls Day 2010

Babysitten und auf Kinder aufpassen

Wenn Lebensläufe ausgewertet werden, fällt der Blick immer zuerst auf das Foto. Ein Bild sagt schließlich mehr als tausend Worte. So ist es auch hier. Nicole Schreiber guckt ängstlich und leicht überfordert zum Betrachter. Sieht so eine zupackende Praktikantin aus, die mit kleinen Kindern klarkommt?

Das sollten Sie sich merken:
Seit dem Jahr 2006 gilt in Deutschland das Allgemeine Gleichbehandlungsgesetz (AGG), seitdem gehen viele Firmen davon aus, dass sie von Bewerbern keine Fotos mehr verlangen dürfen. Es ist aber weiterhin durchaus erlaubt, Bewerbungsunterlagen freiwillig ein Foto beizulegen – und das sollten Sie auch unbedingt tun. Schließlich liefern Sie mit dem Foto einen ersten persönlichen Eindruck von sich.

Der Lebenslauf enthält keine Zeitleiste, es wird nicht klar, wann Nicole Schreiber eingeschult worden ist und in welcher Klasse sie sich zurzeit befindet. Nur der Wechsel von der Realschule zur Hauptschule ist aufgeführt. Will sie mit den fehlenden Zeitangaben vielleicht vertuschen, dass sie häufiger sitzen geblieben ist?

Die allgemein gehaltene Angabe »Computerkenntnisse« ist zu knapp. Über welche Computerkenntnisse verfügt die Bewerberin? Beherrscht sie bestimmte Programme? Oder kann sie womöglich nur den Computer ein- und ausschalten?

Auch aus den »Kurzpraktika« hätte man mehr machen können. Die Teilnahme an den Girls Days 2009 und 2010 klingt eigentlich vielversprechend. Es wird aber gar nicht gesagt, wo Nicole Schreiber ihre Kurzpraktika absolviert hat. Will sie schon wieder etwas vertuschen?

Mit dem Hinweis »Babysitten und auf Kinder aufpassen« versucht die Bewerberin zu retten, was nicht mehr zu retten ist. Der negative Eindruck hat sich an dieser Stelle leider schon verfestigt.

Insgesamt wirft der Lebenslauf mehr Fragen auf, als er beantwortet. Schade, an vielen Stellen hätte die Bewerberin mit etwas Mühe mehr herausholen können. Mit den dürren Angaben im Lebenslauf ist die Werbung in eigener Sache aber gründlich missglückt. Eine Absage ist unvermeidlich!

Nicole Schreiber
Turmgasse 12a
93213 Regensburg
Tel. 0941 232345
Mobil 0177 1234123
schreiber.nicole@hotmail.com

LEBENSLAUF

Persönliche Daten
geb. am 09.12.1996 in Regensburg
zwei Geschwister: Robert (4 Jahre) und Melissa (1 Jahr)

Schule

09/2003 bis 08/2007	Grundschule Regensburg Süd
08/2007 bis 08/2008	Realschule Regensburg
08/2008 bis heute	Hauptschule Regensburg, zur Zeit Klasse H8b
Lieblingsfächer:	Deutsch (Note 3), Sport (Note 2) und Kunst (Note 2)

Computerkenntnisse
Textverarbeitung Word (auch für Hausarbeiten und Referate)
Tabellenkalkulation Excel (Grundkenntnisse)
Internet Explorer und Outlook Express (regelmäßig in Anwendung)

Kurzpraktika
Girls Day 2009, Tagespraktikum bei einem Kinderarzt
Girls Day 2010, Tagespraktikum in einem Kindergarten

Nebenjobs, Hobbys und Interessen
Babysitten und auf Kinder aufpassen
Video-Clip-Dancing (Hip-Hop)
Radfahren, Inlineskaten, Kino

Regensburg, 30.01.2011

Nicole Schreiber

Kaum zu glauben, dass es sich um dieselbe Bewerberin handelt. Schon mit dem freundlichen Lächeln auf dem Foto ist der erste Eindruck völlig anders, nämlich positiv.

Diesmal beginnt der Lebenslauf mit den vollständigen Adressangaben. Das ist gut so, denn es kann immer passieren, dass Anschreiben und Lebenslauf in der Firma – oder wie hier im Kindergarten – getrennt werden. Ist die Kontaktadresse aber auch auf dem Lebenslauf aufgeführt, können Personal- oder Ausbildungsverantwortliche ohne große Mühe Kontakt mit den Bewerbern aufnehmen.

Insgesamt ist der Lebenslauf lesefreundlich in viele Blöcke gegliedert. Auch eine Zeitleiste ist erkennbar.

Im Block »Persönliche Daten« verweist Nicole Schreiber nun auf ihre zwei jüngeren Geschwister. Das ist taktisch klug, so vermutet man gleich, dass sie als Älteste immer einmal auf die lieben Kleinen aufgepasst hat.

In Sachen Schule hat die Bewerberin nichts zu verschweigen. Der Wechsel von der Real- zur Hauptschule war eine Schrägversetzung nach der fünften Klasse, Nicole Schreiber ist also nicht sitzen geblieben. Sie gibt auch passende Schulfächer für eine angehende Erzieherin an, nämlich Deutsch, Sport und Kunst, und zwar mit Noten!

Der Block »Computerkenntnisse« ist recht ausführlich, aber auch in Kindergärten hat der Computer längst Einzug gehalten. Tagesprotokolle, Einladungen an Eltern, Aushänge und Plakate werden mit dem PC erstellt. Und mit dem kann Nicole Schreiber offensichtlich gut umgehen.

Erstklassig dargestellt sind nun auch die Kurzpraktika. Hier wird das besondere Profil perfekt abgerundet, denn sie war sowohl bei einem Kinderarzt als auch in einem Kindergarten, um sich einen Eindruck über die verschiedenen Arbeitsbereiche zu verschaffen. Bewerber, die deutlich machen können, dass sie wissen, was sie erwartet, sind Wunschbewerber.

Im Block »Nebenjobs, Hobbys und Interessen« werden weitere Argumente für die Bewerberin geliefert. Sie kennt sich mit Babysitten und dem Aufpassen auf Kinder aus. Außerdem ist sie eine sportliche und musikalische Kandidatin, deren Hobby Video-Clip-Dancing ist. Das sind alles Eigenschaften, die ein Kindergarten sich von Bewerberinnen wünscht.

Zu guter Letzt hat Nicole Schreiber den Lebenslauf mit Erstellungsort, Datum und Unterschrift versehen.

Gratulation, ein aussagekräftiger und gut gestalteter Lebenslauf, der überzeugt!

Beispiel 2

Im Folgenden zeigen wir Ihnen den überzeugenden Lebenslauf von Maik Kneuer, der sich bei einem Software-Unternehmen um ein Praktikum im Bereich Account Management bewirbt. Er wird in Kürze sein Bachelor-Studium abschließen, aber bevor er sich nach dem Studium auf eine Stelle bewirbt, möchte er noch mehr Praxiserfahrungen sammeln.

Maik Kneuer
Geschwister-Scholl-Straße 34
14482 Potsdam
Tel. 0331 4554455
Handy 0178 6776543

Persönliche Daten

geboren am 15.03.1988 in Potsdam, ledig

Schule

15.06.2006	Fachabitur am Fachgymnasium Wirtschaft IV, Potsdam

Studienvorbereitendes Praktikum

10/2006 – 04/2007	International GmbH (Anbieter von Regalsystemen für den Einzelhandel), Potsdam, Abteilung Vertrieb und Marketing; Aufgaben: Mitplanung und Durchführung von verkaufsfördernden und kundenbindenden Veranstaltungen, Ausarbeitung von Reports zur Entwicklung aktueller und potenzieller Kunden, Dateneingabe für die Aktualisierung von Businessplänen, Mitarbeit an SWOT-Analysen

Bachelor-Studiengang

09/2007 – heute	Bachelor-Studiengang International Business (Vollzeitstudium in englischer Sprache), Universität für Technik und Wirtschaft, Berlin; Studienschwerpunkte: Information Management, International Marketing, Accounting
04/2010 – 08/2010	Auslandssemester am University College of Aarhus, Dänemark
15.05.2011	voraussichtlicher Abschluss: Bachelor of Arts (B.A.) International Business Thema der Bachelorarbeit: Cross-Border Acquisitions – Evidence from Poland

Studienbegleitendes Praktikum

04/2009 – 06/2009	Studienbegleitendes Praktikum bei der Data AG (Anbieter von Business-Fachinformationssystemen für mittelständische Unternehmen), Berlin, Abteilung Sales; Aufgaben: Mitarbeit an CRM-Projekten, Ausarbeitung von Angeboten für Neu- und Bestandskunden, Mitorganisation von Kundenschulungen und Informationsmessen

EDV-Kenntnisse und Fremdsprachen

MS Office:	Word, Excel, Powerpoint, Access, Outlook (alle ständig in Anwendung)
	MS Windows XP/Vista/Windows 7 (sehr gut)
	SAP R/3 (Grundkenntnisse)

Englisch (verhandlungssicher in Wort und Schrift)
Spanisch (gut)

Freizeitinteressen

Kochen für Freunde
Fußball
Kino

Potsdam, 15. Februar 2011
Maik Kneuer

Dieser Lebenslauf kann nicht nur vom Layout her, sondern auch inhaltlich voll überzeugen. Maik Kneuer gliedert die Darstellung seiner Praktika in die zwei Blöcke »Studienvorbereitendes Praktikum« und »Studienbegleitendes Praktikum«. Diese Vorgehensweise ist überaus sinnvoll, denn hätte der Bewerber sein studienvorbereitendes Praktikum in einem Block mit dem studienbegleitenden Praktikum aufgelistet, könnte bei Schnelllesern in der Personalabteilung fälschlicherweise der Eindruck einer inhaltlichen Lücke zwischen Abitur und Studienbeginn entstehen.

Zudem unterstreicht Maik Kneuer mit dem vorbereitenden Praktikum sein früh gewecktes Interesse, in kaufmännischen Berufsfeldern zu arbeiten. Seit dem Abitur an einem Wirtschaftsgymnasium verfolgt er klare berufliche Ziele, die er bisher immer erreicht hat. Das Praktikum, um das er sich hier bewirbt, passt ausgezeichnet zu seiner beruflichen Entwicklung.

Glückwunsch zu diesen Bewerbungsunterlagen! Maik Kneuer hat seine Fachkenntnisse aus dem Studium, seine praxiserprobten Englischkenntnisse und seine ersten beruflichen Erfahrungen aus Praktika hervorragend präsentiert. Darüber hinaus kann man zwischen den Zeilen lesen, dass es sich um einen zielstrebigen, selbstständig arbeitenden und belastbaren Bewerber handelt. Die Einladung zum Vorstellungsgespräch ist damit vorprogrammiert. Das nächste Praktikum dürfte ihm sicher sein.

Das ist wichtig für Lebenslauf und Foto

- ○ Führen Sie Ihre Kontaktdaten noch einmal vollständig im Lebenslauf auf.
- ○ Gliedern Sie Ihren Lebenslauf übersichtlich in mehrere Blöcke.
- ○ Fertigen Sie auf der linken Seite eine Zeitleiste an.

- ◯ Machen Sie Zeitangaben in Monat und Jahr.
- ◯ Machen Sie deutlich, in welcher Klasse beziehungsweise in welchem Hochschulsemester Sie sich befinden.
- ◯ Geben Sie zum Praktikum passende Lieblingsfächer in der Schule beziehungsweise Hochschule an.
- ◯ Nennen Sie Ihre PC-Kenntnisse.
- ◯ Geben Sie Ferien- und Nebenjobs an.
- ◯ Führen Sie nicht zu viele Hobbys auf.
- ◯ Versehen Sie den Lebenslauf am Ende mit Ort und Datum, und unterschreiben Sie ihn mit Vor- und Zunamen.
- ◯ Wählen Sie ein sympathisches Foto aus.
- ◯ Achten Sie darauf, dass Ihre Kleidung auf dem Foto zum Praktikumswunsch passt (Business-Outfit für Büroberufe, gepflegte Freizeitkleidung für kreative Branchen und Handwerksbetriebe).

Zusatzpunkte mit der Motivationsseite sammeln

Viele Bewerberinnen und Bewerber fragen sich, ob sie zusätzlich zum Anschreiben oder Lebenslauf ihren schriftlichen Unterlagen noch ein weiteres Element hinzufügen können, um die Ernsthaftigkeit ihrer Bewerbung zu untermauern. Zu diesem Zweck haben wir in unserer Beratungspraxis ein zusätzliches Element für die Bewerbungsmappe entwickelt: die Motivationsseite.

Das sollten Sie sich merken:
Mit einer gut ausgearbeiteten Motivationsseite können Sie dokumentieren, dass Sie bereit sind, mehr als andere zu leisten. Und zwar schon vor dem Praktikum, nämlich mit Ihrer schriftlichen Bewerbung.

Unsere Motivationsseite darf nicht mit einer aus platten Sprüchen und bloßen Behauptungen bestehenden »dritten Seite« verwechselt werden. Im Gegenteil, die Motivationsseite liefert den Verantwortlichen in der Firma konkrete Argumente und echte Zusatzinformationen.

Grundsätzlich gilt: Sie müssen keine Motivationsseite beifügen, aber wenn Sie etwas zu sagen haben, was über das Anschreiben und den Lebenslauf hinausgeht, dann sollten Sie das ruhig tun.

Anhand der nun folgenden Praxisbeispiele werden Sie sehen, warum eine nichtssagende dritte Seite Bewerbern mehr schaden als nutzen wird und wie Sie mit einer aussagekräftigen Motivationsseite Zusatzpunkte sammeln können.

Beispiel 1

Mit seiner dritten Seite wollte sich Mark Seelig als engagierter Bewerber darstellen. Aber wenn die Selbstdarstellung so danebengeht wie im folgenden Negativbeispiel, wird er leider noch lange suchen müssen, bis ihm eine Firma einen Praktikumsplatz anbietet.

Was es sonst noch über mich zu sagen gibt

Warum ich mich bewerbe? Weil ich über Ihre erstklassige Firma nur das Beste gehört habe!

Was mich auszeichnet? Ich bin teamfähig und motiviert!

Warum ich? Weil es schwer sein wird, einen Bessern zu finden!

Vielleicht werde ich ja Ihr neuer Mitarbeiter?

Mark Seelig hat für seine dritte Seite die Überschrift »Was es sonst noch über mich zu sagen gibt« gewählt. Personal- oder Ausbildungsverantwortliche werden nun erwarten, dass weitere Informationen über den Bewerber geliefert werden.

Stattdessen gibt es aber nur abgedroschene Phrasen, die teilweise peinlich wirken. Schon der erste Absatz »Warum ich mich bewerbe? Weil ich über Ihre erstklassige Firma nur das Beste gehört habe!« geht voll daneben. Eine plumpe Anbiederung wie diese stößt in Firmen generell auf geschlossene Ohren.

Weiter geht es mit »Was mich auszeichnet? Ich bin teamfähig und motiviert!«. In Personalabteilungen sind diese Floskeln gefürchtet, denn eigentlich jeder Bewerber und jede Bewerberin wird sich selbst so beschreiben. Glaubwürdig wäre die Beschreibung aber nur, wenn sie mit konkreten Beispielen untermauert würde.

Den Todesstoß versetzt Mark Seelig seinen Bewerbungsbemühungen mit dem dritten Absatz »Warum ich? Weil es schwer sein wird, einen Bessern zu finden!«. Arrogante Selbstüberschätzung führt im Bewerbungsverfahren grundsätzlich ins Aus. Und dass Mark Seelig dann ausgerechnet im Wort »Bessern« den Buchstaben »e« vergessen hat, sorgt letztendlich nur noch für unfreiwillige Komik.

Die letzte Frage »Vielleicht werde ich ja Ihr neuer Mitarbeiter?« wird ein Personal- oder Ausbildungsverantwortlicher innerlich mit den Worten »Sicherlich nicht!« beantworten.

Mark Seelig
Westring 211, 47829 Krefeld
Tel. 02151 671234, Handy 0175 3456789
E-Mail Mark.Seelig@t-online.de

Warum ich bei der Automobil AG ein dreimonatiges Praktikum im Bereich Einkauf machen möchte

Meine beruflichen Ziele
In zwei Jahren werde ich mein Studium der Wirtschaftsinformatik an der Universität Bochum abschließen und möchte dann im Bereich Einkauf arbeiten. Da der Einkauf immer internationaler wird, habe ich meine Englischkenntnisse durch Eigeninitiative (Cambridge First Certificate) und ein Auslandssemester in den USA vertieft.

Meine Erfahrungen aus meinem ersten Praktikum
Bei der Auto-Zulieferer GmbH habe ich ein Praktikum im Vertrieb absolviert, also die Denk- und Arbeitsweise der »anderen« Seite gründlich kennen gelernt. Inhalte des Praktikums waren die Koordination des weltweiten Türsteuergerätegeschäfts und die Mithilfe bei der Analyse von Planzahlen.

Meine Kenntnisse aus dem Studium
Ich habe das Vordiplom im Studiengang Wirtschaftsinformatik bereits erfolgreich bestanden und verfüge über gute Kenntnisse in den Berei-

chen Informatik, allgemeine BWL und Informationsmanagement. Darüber hinaus bin ich sicher im Umgang mit MS Office-Anwendungen (Word, Excel, Power Point).

Krefeld, 30.05.2011

Mark Seelig

Dass eine zusätzliche Seite nach dem Anschreiben und dem Lebenslauf durchaus sinnvoll sein kann, zeigt unser Positivbeispiel. Mit der informativen Motivationsseite wird Mark Seelig in der angeschriebenen Firma für die von ihm gewünschte positive Aufmerksamkeit sorgen.

Bereits die Überschrift ist eindeutig, er benennt die Firma, die Zeitdauer des Praktikums und den Einsatzbereich. Die anschließende Dreiteilung in die Blöcke »Meine beruflichen Ziele«, »Meine Erfahrungen aus meinem ersten Praktikum« und »Meine Kenntnisse aus dem Studium« ist taktisch geschickt gewählt.

Dieser Bewerber weiß offensichtlich ganz genau, was er will und was er zu bieten hat. Er ist gut über das von ihm angestrebte Berufsfeld informiert. Seine (Eigen-)Motivation ist außerordentlich hoch. So hat er die Prüfung für das »Cambridge First Certificate« erfolgreich bestanden und ein Auslandssemester absolviert.

Mit dem Verweis auf das frühere Praktikum macht er sich zum Wunschbewerber für die Firma. Da Mark Seelig bereits im Verkauf Erfahrungen sammeln konnte, wird er auch gut im Einkauf mitarbeiten können.

Abgerundet wird der hervorragende Eindruck vom Bewerber durch die Kurzdarstellung von wichtigen Studieninhalten und PC-Kenntnissen. Mark Seelig ist in Theorie und Praxis gleichermaßen zu Hause. Er gehört zu den Praktikumsbewerbern, die eine Firma mit Sicherheit kennen lernen will.

Beispiel 2

Dennis Ahlwes
Jahnstraße 78
36040 Fulda

Tel.: 0661 3452134
Handy: 0179 3215476
E-Mail: ahlwes@dennis-ahlwes.de

Motivationsseite

Warum ich eine Ausbildung zum Bankkaufmann gemacht habe:
Bereits in der gymnasialen Oberstufe habe ich mein erstes Praktikum in einer Filiale der Hypotheken AG absolviert. Die Arbeitsabläufe, die ich dort kennen gelernt habe, der Kontakt mit den Kunden und die abwechslungsreichen Aufgaben haben mich darin bestärkt, nach dem Abitur eine Ausbildung zum Bankkaufmann zu beginnen. Dabei wurde ich in verschiedenen Abteilungen eingesetzt, unter anderem auch in der Baufinanzierungs- und der Privatkundenabteilung, und habe festgestellt, dass mir die Mitarbeit bei der Bewilligung von Krediten und Hypotheken sehr viel Spaß macht.

Warum ich ein Studium der Betriebswirtschaftslehre absolviere:
Um auch komplexere Aufgaben im Kreditmanagement einer Bank wahrnehmen zu können, habe ich mich entschieden, im Anschluss an meine Ausbildung ein BWL-Studium aufzunehmen. Neben den Grundlagenfächern habe ich mir fundiertes Wissen in meinen Studienschwerpunkten Controlling, Kostenmanagement, Steuerbilanzen und Konzernrechnungslegung angeeignet.

Warum ich bei der Süd-Bank AG ein Praktikum machen möchte:
Bei der West-Bank AG habe ich bereits vor zwei Jahren ein Praktikum absolviert. Damals war ich vorwiegend in den Abteilungen Controlling und Geschäftskundenkredite beschäftigt. Es hat mir sehr gefallen, dass ich

gleich an Aufgaben aus dem Tagesgeschäft mitarbeiten durfte. Die positive Atmosphäre und die Bereitschaft, mich an neue Thematiken Schritt für Schritt heranzuführen, haben mich sehr begeistert. Um diese Kenntnisse weiter zu vertiefen, möchte ich ein Praktikum bei der Süd-Bank AG absolvieren.

Fulda, 15. August 2011

Dennis Ahlwes

Die Süd-Bank AG erwartet von Bewerbern bereits mit den schriftlichen Unterlagen eine aussagekräftige Antwort auf die Frage »Warum sollen wir Sie einstellen?«. Der Personalverantwortliche hat Dennis Ahlwes schon darauf hingewiesen, dass er neben Anschreiben und Lebenslauf auch eine Motivationsseite erwartet. Die Begründungen des Bewerbers sind schlüssig, der rote Faden hin zum Praktikum ist klar zu erkennen.

Das darf auf Ihrer Motivationsseite nicht fehlen

- ○ Versehen Sie Ihre Motivationsseite mit einer passenden Überschrift, beispielsweise »Warum ich ein Praktikum im Bereich ... machen möchte«.
- ○ Achten Sie darauf, dass Ihre Motivationsseite über Anschreiben und Lebenslauf hinaus zusätzliche Argumente enthält.

- ◯ Falls es einen besonderen Anlass gibt, der Sie für die Bewerbung motiviert hat, sollten Sie ihn nennen (Gespräche mit Freunden in der Ausbildung oder Berufsberatern, Besuch einer Firmenkontaktmesse, Informationen auf der Firmenwebsite, Erfahrungen aus einem früheren Praktikum).
- ◯ Nennen Sie Freizeitaktivitäten oder Interessen, die zum Praktikumswunsch passen.
- ◯ Nennen Sie noch einmal Ihre passenden Lieblingsfächer aus der Schule beziehungsweise Hochschule.
- ◯ Falls es besondere Erfahrungen aus Kursen, Seminaren, Arbeitsgemeinschaften oder Projektarbeiten in Schule oder Hochschule gibt, die Ihren Praktikumswunsch gefördert haben, führen Sie diese mit auf.
- ◯ Machen Sie mit Ihrer Motivationsseite deutlich, warum Sie ein Praktikum im angestrebten Bereich leisten möchten.

Versandfertig?

Nachdem Sie nun wissen, wie sich ein überzeugendes Anschreiben, ein informativer Lebenslauf und eine zusätzliche Motivationsseite ausarbeiten lassen, geht es an den Versand Ihrer Unterlagen. Auch hier können Sie mit Ihrer ersten Arbeitsprobe für die Firma noch weitere Pluspunkte sammeln.

Achten Sie darauf, dass eventuell beigefügte Kopien von Schul- oder Hochschulzeugnissen, aber auch von besuchten Sprach- oder Computerkursen gut lesbar sind.

Anschreiben und Lebenslauf sollten auf dem gleichen Papier ausgedruckt werden, damit die Firma sieht, dass sie speziell für diese Bewerbung angefertigt worden sind. Weder Bewerbungsmappe noch Bewerbungsfoto dürfen verknickt sein. Sonst könnte der Eindruck entstehen, dass Sie ein Vielbewerber sind, der schon überall sonst abgelehnt worden ist und nun »gebrauchte« Unterlagen ein weiteres Mal verschickt.

Führen Sie vor dem Zukleben des Briefumschlages unbedingt noch eine gründliche Endkontrolle durch. Ist alles vollständig? Stimmen die Firmenanschriften auf dem Umschlag und auf dem Anschreiben miteinander überein? Und haben Sie Anschreiben und Lebenslauf – sowie die eventuell beigefügte Motivationsseite – auch unterschrieben?

Damit Sie bei der letzten Prüfung Ihrer Bewerbungsunterlagen nichts vergessen, haben wir in der folgenden Checkliste zusammengestellt, woran Sie denken müssen.

So überprüfen Sie Ihre Bewerbungsmappe

- ◯ Achten Sie darauf, dass die Bewerbungsmappe in Ordnung (nicht verknickt oder beschädigt) ist.
- ◯ Stellen Sie sicher, dass Ihre Bewerbungsmappe Anschreiben, Lebenslauf und Bewerbungsfoto enthält!
- ◯ Verwenden Sie für Anschreiben und Lebenslauf das gleiche Druckerpapier.
- ◯ Wenn Sie sich für eine Motivationsseite entschieden haben: Fügen Sie sie hinter dem Lebenslauf ein.

- ◯ Wenn Sie ein aktuelles Schul- oder Hochschulzeugnis beifügen möchten: Verwenden Sie gut lesbare Kopien.
- ◯ Wenn Sie Computerkurse oder Sprachkurse besucht haben: Fertigen Sie gute Kopien an, und fügen Sie sie bei.
- ◯ Wenn Sie schon früher ein Praktikum absolviert haben: Legen Sie eine Praktikumsbestätigung beziehungsweise ein Zeugnis bei.
- ◯ Achten Sie darauf, dass die Firmenanschrift auf dem Briefumschlag mit der auf dem Anschreiben übereinstimmt.
- ◯ Unterschreiben Sie Anschreiben, Lebenslauf und gegebenenfalls die Motivationsseite mit Vor- und Zunamen.
- ◯ Frankieren Sie den Briefumschlag ausreichend.
- ◯ Machen Sie vor dem Zukleben des Umschlags eine Endkontrolle der Bewerbungsunterlagen.

6. Kontaktaufnahme per E-Mail: Ihre elektronische Bewerbung

Mit seinen vielfältigen Möglichkeiten ist das Internet heutzutage aus dem Bewerbungsprozess gar nicht mehr wegzudenken. Für so manchen stellt sich deshalb auch die Frage, ob es sinnvoll ist, die schriftlichen Unterlagen per E-Mail zu senden, und was man dabei beachten muss.

Wann sich eine Bewerbung per E-Mail empfiehlt und welche Besonderheiten dabei gelten, erläutern wir Ihnen in diesem Kapitel. Lassen Sie sich zeigen, wie eine gute E-Mail-Bewerbung aufgebaut ist, damit Ihre elektronische Kontaktaufnahme mit einer Firma zum gewünschten Praktikumsplatz führt.

Der elektronische Papierkorb wird gefüllt

So mancher Bewerber um ein Praktikum möchte seine Bewerbung nicht zuletzt aus Zeit- und Kostengründen per E-Mail versenden. In einem ersten Schritt ist also die Frage »Akzeptiert die Firma überhaupt eine E-Mail-Bewerbung?« zu klären.

Die Bewerbungspraxis zeigt, dass es mittlerweile viele Firmen gibt, die Bewerbungen per Post und per E-Mail gleichermaßen akzeptieren. Manche bevorzugen sogar die elektronische Bewerbung.

Um sich hier Klarheit über die Wünsche der Firmen in Sachen »Post oder E-Mail?« zu verschaffen, hilft der Blick ins Internet. Auf der Firmenwebsite wird unter dem fast immer zu findenden Menüpunkt »Jobs«, »Karriere« oder »Offene Stellen« in der Regel mitgeteilt, ob Bewerbungen per E-Mail möglich oder gar Pflicht sind.

Auch der Bewerber aus unserem folgenden Praxisbeispiel hat herausgefunden, dass er seine Praktikumsbewerbung per E-Mail verschicken kann. Mehr Vorarbeit hat er aber nicht geleistet. Sehen Sie anhand des Negativbeispiels selbst, welche Fehler seine Bewerbung enthält. Im Anschluss an die Auswertung des Negativbeispiels liefern wir Ihnen dann ein entsprechendes Beispiel einer gelungenen E-Mail-Bewerbung.

Von: wuestenfuchs@web.de
An: info@mueller-gmbh.de; info@schmidt-ag.de; personal@heinrich-gmbh.com; personal@autohaus.com
CC: info@agentur-gmbh.com; info@vertriebshaus.de; info@Marktplatz.com; personal@einkaufs-gmbh.com
Betreff: BITTE

Sehr geehrte Damen und Herren,

ich suche einen Praktikumsplatz. Gibt es für mich Einsatzmöglichkeiten bei Ihnen?
Ich bin teamfähig, leistungsbereit und motiviert. Geben Sie mir bitte eine Chance, Sie werden es nicht bereuen!

Mit liebem Gruß

Ihr Sebastian Euler

P.S.: Wünschen Sie einen Lebenslauf oder weitere Informationen von mir? Dann mailen Sie bitte!

Die E-Mail-Bewerbung von Sebastian Euler wird keinen Erfolg haben. Sie ist von vorne bis hinten fehlerhaft und enthält keinerlei Informationen. Schon ein erster flüchtiger Blick auf die Kopfzeile der E-Mail wird die Verantwortlichen auf der Firmenseite verstimmen. Über Sebastian Eulers witzig gemeinte E-Mail-Adresse »wuestenfuchs@web.de« kann man vielleicht noch hinwegsehen, aber die insgesamt acht aufgeführten Adressaten der E-Mail-Bewerbung zeigen unmissverständlich an, dass es sich hier um eine Massenbewerbung handelt. Und die sind der Schrecken aller Personal- und Ausbildungsverantwortlichen. Wird eine immer gleiche Bewerbung dutzendweise an alle möglichen Firmen verschickt, ist das Interesse der Adressaten schon erlahmt, bevor sie auch nur einen einzigen Satz gelesen haben.

Auch der Betreff der E-Mail ist mit dem Wort »BITTE« falsch benannt. Als E-Mail-Empfänger vermutet man keine Bewerbung, sondern eine der zahlreichen Spenden- und Bettelmails, die millionenfach durchs Internet verschickt werden. Üblicherweise werden E-Mails dieser Art deshalb sofort gelöscht.

Wenn Personal- oder Ausbildungsverantwortliche sich wirklich noch die Mühe machen, den eigentlichen Text der E-Mail zu lesen, werden sie in ihren schlimmsten Vermutungen bestätigt werden. Die Anrede »Sehr geehrte Damen und Herren« ist allgemein gehalten. Die Frage »Gibt es Einsatzmöglichkeiten bei Ihnen?« hätte vom Bewerber teilweise schon selbst beantwortet werden müssen. Es wird auch überhaupt nicht klar, ob es sich um die Praktikumsbewerbung eines Schülers, eines Studenten oder eines Arbeitslosen mit Berufserfahrung handelt.

Sebastian Euler macht keinerlei nähere Angaben über sein berufliches Profil. Die Allgemeinplätze »Ich bin teamfähig, leistungsbereit und motiviert« hätte er sich sparen können. Mit seiner schlampig und oberflächlich verfassten E-Mail-Bewerbung zeigt er sich weder leistungsbereit noch motiviert.

Der Praktikumsbewerber scheint selbst schon zu ahnen, dass er mit seiner Art der Ansprache kein Gehör finden wird. Deshalb verlegt er sich am Ende der E-Mail mit dem Satz »Geben Sie mir bitte eine Chance, Sie werden es nicht bereuen!« aufs Flehen. Das ist aber ein weiterer strategischer Fehler. Bewerber werden nicht akzeptiert, weil sie jammern, sondern weil sie etwas können und dieses Können für die Firma einbringen möchten.

Auch der Abschluss der E-Mail-Bewerbung steht in krassem Gegensatz zu den üblichen Gepflogenheiten in Geschäftsbriefen, denn darum handelt es sich ja auch bei der Bewerbung. Die Schlussformel »Mit liebem Gruß« und »Ihr Sebastian Euler« wirkt je nach Lesart plump vertraulich oder bloß peinlich.

Sollte ein Personal- oder Ausbildungsverantwortlicher wider Erwarten bis zum Schluss der E-Mail durchgehalten haben, wird er mit dem P.S. von Sebastian Euler »Wünschen Sie einen Lebenslauf oder weitere Informationen von mir? Dann mailen Sie bitte!« endgültig abgeschreckt. Andere Bewerber werden ihre E-Mail-Bewerbung von sich aus mit einem ansprechenden Lebenslauf an die Firma schicken. Warum sollte man dann bei diesem Bewerber darum betteln, dass er noch weitere Informationen nachreichen möge?

Gelungene E-Mail-Bewerbung

Glücklicherweise bekommt auch Sebastian Euler eine zweite Chance. Mit einer gründlichen Überarbeitung, genauer einer kompletten Neugestaltung seiner misslungenen E-Mail-Bewerbung wird er den gewünschten Bewerbungserfolg haben. Lassen Sie sich vom Positivbeispiel für Ihre E-Mail-Bewerbungen anregen!

Von: sebastian.euler4@web.de
An: heribert.andresen@mueller-gmbh.de
CC:
Betreff: Bewerbung um ein Praktikum

Sehr geehrter Herr Andresen,

nächstes Jahr beende ich die Fachoberschule Technik und möchte dann eine Ausbildung zum Kfz-Mechatroniker machen.

Bei der Industrie- und Handelskammer habe ich erfahren, dass Sie Praktikanten beschäftigen. Deshalb möchte ich im November 2011 gerne in Ihrem Autohaus ein zweiwöchiges Praktikum absolvieren, um in der Werkstatt und im Service praktische Erfahrungen zu sammeln.

In der Schule gehören Mathematik, Technik und Physik zu meinen Lieblingsfächern. Auch in meiner Freizeit beschäftige ich mich viel mit Motoren und Elektronik. Ich habe mehrere motorbetriebene Modellflugzeuge, die ich selbst warte und repariere. Einmal in der Woche trage ich Zeitungen aus, um mein Hobby zu finanzieren.

Auch mit dem PC kenne ich mich gut aus. Die Programme Word und Excel benutzen wir in der Schule, und auch mit dem Internet bin ich vertraut. Meinen Lebenslauf habe ich als PDF-Datei angehängt.

Über die Einladung zu einem Vorstellungsgespräch würde ich mich freuen.

Mit freundlichen Grüßen

Sebastian Euler

P.S.: Gerne würde ich auch vor dem Praktikum bei Ihnen einen »Kennenlerntag« absolvieren.

Kontaktadresse:
Sebastian Euler
Südallee 33
60486 Frankfurt
sebastian.euler4@web.de
Telefon: 069 1234567
Handy: 0172 1234567

Kaum zu glauben, dass es sich noch um den gleichen Bewerber handelt: In der überarbeiteten E-Mail-Bewerbung präsentiert sich Sebastian Euler ganz anders als im Negativbeispiel.

Die Formalien hat er diesmal im Griff. Er hat sich für Bewerbungen eine neue E-Mail-Adresse mit dem Namen »sebastian.euler4@web.de« zugelegt. Auch die Empfängerdaten sind mit »heribert.andresen@mueller-gmbh.de« nicht mehr allgemein, sondern persönlich gehalten. Sebastian Euler hat sich nämlich diesmal vor dem Versand auf der Firmenwebsite der Müller GmbH darüber informiert, wer der Ansprechpartner für E-Mail-Bewerbungen ist. Aus dem Betreff »Bewerbung um ein Praktikum« wird für den Leser unmittelbar deutlich, worum es geht.

In den eigentlichen Text der E-Mail steigt der Bewerber nun mit der persönlichen Anrede »Sehr geehrter Herr Andresen« ein. Dies wird auf Firmenseite als weiterer Pluspunkt vermerkt werden.

Sebastian Euler hält sich nicht lange mit unnötigen Vorreden auf, sondern kommt gleich auf den Punkt. Er geht zur Fachoberschule Technik, möchte nächstes Jahr eine Ausbildung zum Kfz-Mechatroniker beginnen und sucht nun einen passenden Praktikumsplatz. Diese direkte und klare Art der Information wird in Firmen geschätzt.

Statt wie in der misslungenen E-Mail-Bewerbung die Firma nach Einsatzmöglichkeiten zu fragen, bietet Sebastian Euler diesmal an, in der Werkstatt und im Service mitzuarbeiten. Er zeigt sich auf diese Weise als informierter Bewerber, der seine beruflichen Ziele im Blick hat und konsequent darauf zusteuert.

Absolut überzeugend ist die gute Begründung des Praktikumswunsches. Die angegebenen Schulfächer »Mathematik, Technik und Physik« sind klug gewählt, die Freizeitbeschäftigung »Modellflugzeuge« hat ebenfalls mit Motoren und mit Elektronik zu tun, passt also zum Berufsfeld Kfz-Mechatroniker. Abgerundet wird der überzeugende Eindruck vom Bewerber auch durch seinen Nebenjob »Zeitungen austragen«. Firmen sehen es grundsätzlich gern, wenn Bewerber wissen, wie schwer es ist, sein Geld selbst zu verdienen. Wer hier konkret etwas vorweisen kann, wird von der Firmenseite automatisch als leistungsbereiter und motivierter Bewerber eingestuft werden.

Der Bewerber behauptet nicht nur, PC-Kenntnisse zu haben, er liefert auch in diesem Fall konkrete Belege. Schließlich ist die E-Mail-Bewerbung eine gute Dokumentation seiner Fähigkeit, mit dem PC umzugehen. Auch der als PDF-Datei angehängte Lebenslauf unterstreicht diesen guten ersten Eindruck.

Taktisch geschickt bietet Sebastian Euler am Ende der E-Mail in Form eines »P.S.« an, zunächst für einen »Kennenlerntag« vorbeizukommen. Gerade in kleinen Firmen wird es gerne gesehen, wenn man sich erst einmal einen Tag lang »beschnuppern« kann, bevor es dann mit dem eigentlichen Praktikum losgeht.

Die E-Mail-Bewerbung endet mit der vollständigen Adresse des Bewerbers. Er gibt sogar seine eigene Handynummer an. Die Firma dürfte also keine Schwierigkeiten haben, ihm schnell eine Rückmeldung zu seiner Bewerbung zu geben. Und diese Rückmeldung kann nach der guten E-Mail-Bewerbung eigentlich nur positiv sein. Der Praktikumsplatz dürfte Sebastian Euler diesmal sicher sein!

Das ist bei einer E-Mail-Bewerbung wichtig

- ○ Finden Sie nach Möglichkeit die E-Mail-Adresse der Kontaktperson für Praktika heraus.
- ○ Schreiben Sie gleich in die Betreffzeile der E-Mail »Praktikumsbewerbung« oder »Bewerbung um ein Praktikum«.

- ◯ Es gibt keine allgemeingültigen Standards für E-Mail-Bewerbungen: Für Praktikumsbewerbungen hat es sich aber bewährt, das Anschreiben direkt in die E-Mail zu schreiben und den Lebenslauf als Anhang (idealerweise als PDF-Datei) zu versenden!
- ◯ Gestalten Sie die Anrede persönlich.
- ◯ Gliedern Sie Ihr E-Mail-Anschreiben in mehrere Blöcke!
- ◯ Begründen Sie im E-Mail-Anschreiben kurz Ihren Praktikumswunsch.
- ◯ Nennen Sie mögliche Einsatzfelder.
- ◯ Der Beginn und die Zeitdauer des Praktikums sollten aus der E-Mail ersichtlich werden.
- ◯ Führen Sie Ihre Kontaktdaten (Postadresse, Telefon, eventuell Handynummer und E-Mail-Adresse) vollständig auf.
- ◯ Bitten Sie um eine Einladung zu einem Vorstellungsgespräch.
- ◯ Bieten Sie eventuell an, vor dem Praktikum zu einem »Kennenlerntag« zu kommen.
- ◯ Versenden Sie Ihr E-Mail-Anschreiben erst, nachdem Sie einen Korrekturabzug ausgedruckt und auf Fehler hin überprüft haben!

- ◯ Gestalten Sie Ihren E-Mail-Lebenslauf inhaltlich so, wie wir es im Kapitel »Schriftliche Kontaktaufnahme: Ihre Bewerbungsunterlagen« beschrieben haben: Bilden Sie Blöcke, machen Sie Zeitangaben in Monaten und Jahren, und liefern Sie ausreichend Informationen.
- ◯ Ein Bewerbungsfoto können Sie in den E-Mail-Lebenslauf einbinden. Scannen Sie entweder ein Papierfoto, oder verwenden Sie ein digitales Bewerbungsfoto.
- ◯ Insgesamt sollte die Datenmenge Ihrer E-Mail-Bewerbung nicht mehr als zwei Megabyte umfassen.

7. Persönliche Kontaktaufnahme: Im direkten Gespräch

Nicht immer ist eine komplett ausgearbeitete schriftliche Bewerbung notwendig. Gerade in kleinen Firmen sieht man es gerne, wenn Interessenten für ein Praktikum während der Geschäftszeiten erst einmal persönlich vorbeikommen. Ein persönlicher Kontakt lässt sich aber auch wunderbar auf einer Firmenkontaktmesse herstellen.

In beiden Fällen ist der erste Eindruck, den ein Bewerber im persönlichen Gespräch vermittelt, für Geschäftsführer oder Ausbildungsverantwortliche äußerst aussagekräftig und entscheidet über Erfolg oder Misserfolg der Praktikumsbewerbung. Daher müssen persönliche Gespräche mit Firmenvertretern sehr gut vorbereitet werden.

Eine missglückte Kontaktaufnahme

Wenn Bewerber auf gut Glück bei einer Firma hereinschauen, kann der erste Versuch der Kontaktaufnahme schnell zum Desaster werden.

In der Regel hat man auf der Firmenseite grundsätzlich Verständnis dafür, wenn Schüler oder Studierende, die bisher wenig Kontakt mit der Berufswelt hatten, nicht so professionell auftreten wie berufserfahrene Bewerber. Die Bereitschaft, über erste Unsicherheiten im Auftritt oder Unklarheiten im Ausdruck hinwegzusehen, ist durchaus vorhanden – sie darf aber nicht überstrapaziert werden.

Damit Sie einen Eindruck davon bekommen, was alles schief laufen kann, haben wir für Sie eine missglückte persönliche Kontaktaufnahme nachgezeichnet. Der Schüler Daniel Schreiber möchte bei dem Steuerberaterbüro Müller ein Praktikum absolvieren, um herauszufinden, ob eine Ausbildung zum Steuerfachangestellten das Richtige für ihn wäre. Er hat gehört, dass die Ausarbeitung einer Bewerbungsmappe zeitlich sehr aufwändig ist, was er eigentlich zu anstrengend findet. Deshalb hat er sich kurzentschlossen in den Bus gesetzt und ist zum Steuerberaterbüro Müller gefahren. Dort klingelt er an der Tür. Es öffnet ihm die Steuerfachangestellte Frau Schmidt.

Bewerber: »Guten Tag, ich möchte ein Praktikum machen!«
Steuerfachangestellte: »Guten Tag, mein Name ist Renate Schmidt, kommen Sie doch herein, wie heißen Sie denn?«
Bewerber: »Äh, Daniel.«
Steuerfachangestellte: »Aha, Daniel, und wie weiter?«
Bewerber: »Schreiber.«
Steuerfachangestellte: »Also Daniel Schreiber.«
Bewerber: »Richtig!«
Steuerfachangestellte: »Wie kommen Sie denn auf uns?«
Bewerber: »Ach, ich habe im Telefonbuch geguckt, und Ihr Büro ist nicht weit weg von der Wohnung meiner Eltern.«
Steuerfachangestellte: »Aha.«
Bewerber: »Klappt das denn mit einem Praktikum bei Ihnen?«
Steuerfachangestellte: »Das kann ich nicht entscheiden, dafür ist der Steuerberater Herr Müller zuständig. Ich schaue mal eben, ob er kurz Zeit für Sie hat.«
Bewerber: »Ja.«
Steuerfachangestellte: »Sie haben Glück, Herr Müller hat noch einige Minuten bis zum nächsten Telefonat, kommen Sie bitte mit.«
Bewerber: »Ja.«

Steuerberater: »Guten Tag, Sie möchten ein Praktikum bei uns machen?«
Bewerber: »Äh, guten Tag Herr ..., äh.«
Steuerberater: »Müller, mein Name ist Müller. So wie das Steuerbüro Müller.«
Bewerber: »Ach ja, Herr Müller, kann ich denn ein Praktikum bei Ihnen machen?«
Steuerberater: »Warum interessieren Sie sich denn für ein Praktikum bei uns?«
Bewerber: »Ich finde das spannend.«
Steuerberater: »Was finden Sie denn spannend?«
Bewerber: »Die vielen Leute und die interessanten Aufgaben.«
Steuerberater: »Was glauben Sie denn, was Sie als Praktikant bei uns machen könnten?«
Bewerber: »Darüber habe ich ehrlich gesagt noch nicht genau nachgedacht.«
Steuerberater: »Hm.«
Bewerber: »Vielleicht die Post öffnen?«
Steuerberater: »Tja, gut, mein nächster Telefontermin steht an. Denken Sie doch noch mehr darüber nach, was Sie von einem Praktikum bei uns erwarten. Sie können sich dann ja wieder melden. Lassen Sie sich dann aber auf jeden Fall einen Termin geben. Auf Wiedersehen.«
Bewerber: »Auf Wiedersehen.«

Der Bewerber Daniel Schreiber verpatzt bereits den Einstieg ins Gespräch. Wenn sich nach dem Klingeln die Tür einer Firma öffnet, ist es ungeschickt, gleich zu rufen: »Guten Tag, ich möchte ein Praktikum machen.« Wer hier sofort mit der Tür ins Haus fällt, wird meist schneller abgeblockt, als ihm lieb ist. Es wäre besser gewesen, erst einmal den Namen zu nennen und dann zu fragen, ob es überhaupt die Möglichkeit gibt, ein Praktikum zu machen.

Die Steuerfachgehilfin, Frau Schmidt, ist aber geduldig mit dem jungen Besucher. Auch noch nachdem er ihre Frage nach seinem Namen mit der knappen Antwort »Daniel« beantwortet, bleibt sie freundlich und hakt nach, wie denn nun der Nachname lautet.

Nachdem die erste Unsicherheit aufseiten des Bewerbers nun eigentlich vorbei sein müsste, fragt Frau Schmidt nach der Motivation für das Praktikum. Die Antwort von Daniel Schreiber »Ihr Büro ist nicht weit weg von der Wohnung meiner Eltern« mag zwar der Wahrheit entsprechen, geschickt ist sie dennoch nicht. Daniel Schreiber ist sich offensichtlich weder darüber im Klaren, dass er hier eine überzeugendere Begründung für seinen Praktikumswunsch bringen müsste, noch bedenkt er, dass auch Frau Schmidt als Mitarbeiterin im Steuerbüro Müller an der Entscheidung, wer als Praktikant infrage kommt, beteiligt sein wird.

Die einsilbige Reaktion – »Aha« – von Frau Schmidt signalisiert, dass der Bewerber es sich mit der eigentlich wohlwollenden Steuerfachangestellten schon fast verdorben hat. Dennoch fragt sie beim Chef, dem Steuerberater Herrn Müller, nach, ob Daniel Schreiber sich kurz persönlich vorstellen darf. Vielleicht hofft sie aber auch insgeheim, dass dieser ungeschickte Bewerber vom Chef persönlich höflich hinauskomplimentiert wird.

Auch die Begrüßung des Steuerberaters misslingt Daniel Schreiber gründlich. Nicht einmal den einfachen Namen »Müller« kann er sich merken. Wie soll er da als Steuerfachangestellter mit den vielen Kundennamen zurechtkommen?

Doch auch Herr Müller nimmt Rücksicht auf den unerfahrenen Bewerber und gibt ihm eine zweite Chance. Die Frage »Warum interessieren Sie sich denn für ein Praktikum bei uns?« wäre eigentlich eine Steilvorlage. Die äußerst kurze Antwort von Daniel Schreiber »Ich finde das spannend« ist nicht überzeugend. Noch einmal hakt der Steuerberater mit der Anschlussfrage »Was finden Sie denn spannend?« nach. Daniel

Schreibers Antwort »Die vielen Leute und die interessanten Aufgaben« hat leider nur Grundschulniveau. Von einem künftigen Praktikanten wird mehr erwartet.

Auch die allerletzte Chance, die Frage nach möglichen Einsatzfeldern im Praktikum, ergreift Daniel Schreiber nicht. Jetzt wird auch der Steuerberater Müller einsilbig und wimmelt den Bewerber schnell ab. Der Hinweis, sich beim nächsten Mal einen Termin geben zu lassen, ist eindeutig. Hier wird quasi durch die Blume mitgeteilt: »Rufen Sie das nächste Mal vorher an, damit wir Ihnen gleich am Telefon absagen können.«

Daniel Schreiber hatte viele Chancen und hat sie alle nicht genutzt. Hätte er sich doch so wie im Kapitel »Begründung: Warum sollten wir Sie als Praktikanten beschäftigen?« vorbereitet, dann hätte er viele gute Argumente gehabt, um Frau Schmidt und Herrn Müller positiv zu beeindrucken. Schade, bei diesem Steuerberaterbüro braucht er sich nach dem gründlich misslungenen Auftritt nicht mehr zu bewerben – weder um ein Praktikum noch um einen Ausbildungsplatz.

Ein gelungener persönlicher Auftritt

Dass es mit guter Vorarbeit besser klappt, wird Ihnen nun unser Positivbeispiel zeigen. Diesmal hat Daniel Schreiber sich gründlich vorbereitet. Sehen Sie selbst, wie er sich von Anfang an von seiner besten Seite zeigt.

Bewerber: »Guten Tag, ich heiße Daniel Schreiber und möchte mich erkundigen, wie man bei Ihnen einen Praktikumsplatz bekommen kann.«

Steuerfachangestellte: »Guten Tag, Herr Schreiber, mein Name ist Renate Schmidt, kommen Sie doch herein.«

Bewerber: »Gerne, Frau Schmidt.«

Steuerfachangestellte: »Wie sind Sie denn auf uns gekommen?«

Bewerber: »Ich möchte nächstes Jahr eine Ausbildung zum Steuerfachangestellten machen. Deshalb habe ich im Telefonbuch nach Steuerbüros gesucht und dabei Ihr Steuerbüro gefunden, und ich dachte, ich stelle mich am besten ganz kurz persönlich für ein Praktikum vor.«

Steuerfachangestellte: »Ja, das ist eine gute Idee. Wir bekommen so viele Bewerbungen für Praktika und Ausbildungsplätze, dass wir kaum mit der Beantwortung hinterherkommen. Unsere letzte Praktikantin ist damals auch persönlich vorbeigekommen. Mittlerweile ist sie sogar Auszubildende bei uns. Ich schaue mal eben, ob unser Chef, der Steuerberater Herr Müller, ein paar Minuten für Sie hat.«

Bewerber: »Oh, das ist aber nett, danke!«

Steuerfachangestellte: »Sie haben Glück, Herr Müller hat noch einige Minuten bis zum nächsten Telefonat, kommen Sie bitte mit.«

Bewerber: »Gerne, Frau Schmidt.«

Steuerberater: »Guten Tag, Sie möchten ein Praktikum bei uns machen?«

Bewerber: »Guten Tag Herr Müller, ich heiße Daniel Schreiber, bin Realschüler und möchte in etwa drei Monaten ein Praktikum bei Ihnen machen.«

Steuerberater: »Das ist ja schön, dass Sie rechtzeitig vorbeikommen. Ich verstehe das gar nicht, wenn die Leute auf den letzten Drücker kommen. Neulich hatten wir eine Bewerberin, die wollte schon zwei Tage später ihr Praktikum beginnen. Das geht doch nicht. Also, Sie sind ja nun rechtzeitig da. Warum wollen Sie denn ein Praktikum bei uns machen?«

Bewerber: »Ich interessiere mich für die Ausbildung zum Steuerfachangestellten, die ich nächstes Jahr beginnen möchte. Im Moment gehe ich in die Barlach-Realschule und bin dort in der neunten Klasse. Zu meinen Lieblingsfächern gehören Mathe und Deutsch. Ich kenne auch die PC-Programme Word und Excel. Für kaufmännische Berufsfelder interessiere ich mich schon länger, ich habe auch schon einmal in den Ferien als Verkäufer in einem Imbiss gearbeitet. Mein Lehrer meinte, ich solle mich einmal über das Berufsbild des Steuerfachangestellten in der Praxis informieren. Deswegen suche ich jetzt einen Praktikumsplatz.«

Steuerberater: »Das klingt ja schon sehr vielversprechend. Was glauben Sie denn, was Sie in einem Praktikum bei uns lernen könnten?«

Bewerber: »Tja, genau weiß ich das natürlich nicht, deswegen möchte ich ja das Praktikum machen. Aber ich habe im Internet herausgefunden, dass Auszubildende zum Steuerfachangestellten lernen, wie man Steuererklärungen bearbeitet, dass Sie Daten am PC eingeben und viel Kontakt mit Kunden haben. Es würde mich sehr interessieren, dies alles in der Praxis kennen zu lernen.«

Steuerberater: »Ich sehe schon, Sie haben sich gut informiert. Da könnten sich andere Bewerber aber wirklich eine Scheibe abschneiden. Ich habe jetzt den nächsten Termin, aber schicken Sie mir doch Ihre Bewerbungsunterlagen. Ein ganz kurzes Anschreiben und ein kurzer Lebenslauf reichen aus. Frau Schmidt, die Sie ja schon kennen, meldet sich dann bei Ihnen.«

Bewerber: »Vielen Dank Herr Müller, die Unterlagen schicke ich Ihnen so schnell wie möglich. Die Adresse habe ich ja schon.«

Steuerberater: »Ich gebe Ihnen zur Sicherheit noch meine Visitenkarte. Dann haben Sie alle Informationen auf einen Blick. Auf Wiedersehen, Herr Schreiber. Und bis bald.«

Bewerber: »Auf Wiedersehen, Herr Müller, und vielen Dank für das Gespräch.«

Daniel Schreiber beginnt seine persönliche Vorstellung beim Steuerberater Müller diesmal freundlicher. Statt wie im Negativbeispiel gleich mit der Tür ins Haus zu fallen, nennt er von sich aus seinen Namen und schaltet einen Gang herunter. Die höfliche Einleitung »Guten Tag, ich heiße Daniel Schreiber und möchte mich erkundigen, wie man bei Ihnen einen Praktikumsplatz bekommen kann« ist viel weniger fordernd als der missglückte Einstieg »Guten Tag, ich möchte ein Praktikum machen!«.

Auch die Frage von Frau Schmidt, »Wie sind Sie denn auf uns gekommen?«, beantwortet Daniel Schreiber geschickter. Er betont, dass er nächstes Jahr eine Ausbildung zum Steuerfachangestellten beginnen möchte und sich deshalb schon jetzt persönlich als Praktikant ins Gespräch bringen will.

Das Eis zwischen Frau Schmidt und Daniel Schreiber ist damit gebrochen. Sie findet den persönlichen Einsatz des Bewerbers gut. Und macht ihm sogar Mut, schließlich habe sich auch die derzeitige Auszubildende seinerzeit mit einem Praktikum die Tür geöffnet.

Im weiteren Verlauf des Gespräches mit dem Steuerberater Müller schöpft Daniel Schreiber seine Chancen voll aus. Er nennt noch einmal seinen Namen, seine Schulform und den ungefähren Beginn des Praktikums. Da er rechtzeitig nachfragt, sammelt er an dieser Stelle weitere Pluspunkte.

Die Kernfrage des Gespräches, »Warum wollen Sie denn ein Praktikum bei uns machen?«, beantwortet der Bewerber souverän. Daniel Schreiber verweist auf seine Lieblingsfächer in der Schule, benennt PC-Programme, die er kennt, und bringt Erfahrungen mit Kunden aus einem Ferienjob zur Sprache. Natürlich merkt man der Antwort an, dass sie vorbereitet ist. Aber gerade deswegen wird Daniel Schreiber mit seinen beruflichen Wünschen vom Steuerberater jetzt auch ernst genommen.

Daniel Schreiber hat die erste große Hürde, die nachvollziehbare Begründung seines Praktikumswunsches, problemlos genommen. Jetzt gilt es, die zweite Hürde, die Frage nach möglichen Aufgaben im Praktikum, zu bewältigen. Auch dies gelingt ihm. Als Schüler darf er ruhig zugeben, dass er noch keine direkten beruflichen Erfahrungen in einem Steuerbüro sammeln konnte. Er reißt aber kurz an, welche Informationen er über die Ausbildung zum Steuerfachangestellten gesammelt hat. Mit den Stichworten »Steuererklärungen bearbeiten«, »Daten am PC eingeben« und »Kontakt mit Kunden haben« macht er sich endgültig zum Wunschbewerber.

Herr Müller ist hocherfreut über diesen motivierten Praktikumsbewerber und fordert Daniel Schreiber auf, eine Kurzbewerbung, bestehend aus Anschreiben und Lebenslauf, einzureichen. Er gibt dem Bewerber sogar von sich aus seine Visitenkarte – ein echter Sympathiebeweis. Daniel Schreiber hat es geschafft, seinen Praktikumsplatz hat er so gut wie sicher.

Überlassen auch Sie Ihre Wirkung auf andere im direkten Kontakt nicht dem Zufall. Bereiten Sie persönliche Gespräche mit Firmenvertretern so gut wie möglich vor: zum einen mit der inhaltlichen Begründung Ihres Praktikumswunsches, zum anderen mit den Besonderheiten, die für persönliche Gespräche gelten. Damit Sie im Ernstfall nichts vergessen, haben wir in der folgenden Checkliste zusammengestellt, was Sie bei einer persönlichen Kontaktaufnahme bedenken müssen.

Darauf sollten Sie im persönlichen Gespräch achten

- ○ Wählen Sie Kleidung aus, die zur Firma und den Mitarbeitern passt (konservative Bank, kreative Werbeagentur, trendiger Surfladen, moderne Krankenkasse).
- ○ Sprechen Sie Ihren Gesprächspartner auch einmal mit seinem Namen an.
- ○ Verdeutlichen Sie Ihre Motivation für ein Praktikum.
- ○ Liefern Sie stichhaltige Argumente für Ihre Bewerbung (Nebenjobs, Schul-/Studienfächer, PC-Kenntnisse, Fremdsprachenkenntnisse, Freizeitinteressen).
- ○ Begründen Sie, warum Sie gerade bei dieser Firma ein Praktikum machen möchten.

- ◯ Benennen Sie einige Aufgaben, die Sie im Praktikum kennen lernen möchten.
- ◯ Weisen Sie eventuell auf die Internetseite der Firma hin.
- ◯ Fragen Sie eventuell nach besonderen Wünschen der Firma an Praktikanten (Führerschein, Mindestdauer des Praktikums, spezielle Kenntnisse).
- ◯ Schlagen Sie vor, in welchem Zeitraum Sie das Praktikum machen möchten.
- ◯ Lassen Sie sich die Kontaktdaten Ihres Ansprechpartners geben (Vor- und Zuname, Telefonnummer, E-Mail-Adresse).
- ◯ Am Ende des Gesprächs: Bedanken Sie sich für das Gespräch und für die Zeit, die man sich für Sie genommen hat.

8. Telefonische Kontaktaufnahme: Ihr Anruf

Nicht mit jeder Praktikumsfirma ist eine persönliche Kontaktaufnahme möglich. Zum einen sind die zeitlichen Ressourcen der Bewerber manchmal zu knapp, und zum anderen wünscht sich nicht jede Firma einen persönlichen Besuch des Bewerbers. Um den ersten Kontakt dennoch persönlich zu gestalten, bietet sich der Griff zum Telefonhörer an.

Viele Bewerber um ein Praktikum scheuen sich davor, in einer Firma anzurufen. Diese Angst ist nachvollziehbar, führt doch ein schlecht geplanter Versuch dazu, dass die Praktikumsbewerbung schneller scheitert, als einem lieb ist. Glücklicherweise gibt es praxiserprobte Möglichkeiten, um die telefonische Kontaktaufnahme sinnvoll vorzubereiten.

Am Telefon gescheitert

Im beruflichen Alltag ist das Telefon eines der beliebtesten und bewährtesten Mittel, um gezielt an Informationen zu kommen, Verhandlungen zu führen und (Gesprächs-)Ergebnisse zu vereinbaren.

Um nichts anderes geht es auch bei der telefonischen Bewerbung: Sie möchten Informationen erhalten, möchten als Praktikant genommen werden und müssen sich mit der Firma über Einsatzmöglichkeiten und den passenden Zeitraum verständigen.

Dennoch wissen wir aus unseren Seminaren und Einzelberatungen, dass nicht nur Bewerber um ein Praktikum, sondern Bewerber aller Altersklassen und aller Qualifikationsstufen den Griff zum Telefonhörer in Sachen Bewerbung am liebsten vermeiden möchten. Für uns sind die Hemmungen der Bewerberinnen und Bewerber verständlich, denn die unausgesprochenen Spielregeln, nach denen telefonische Bewerbungen ablaufen, sind nur den wenigsten bekannt.

Wie schnell eine telefonische Bewerbung in die falsche Richtung laufen kann, zeigt Ihnen unser folgendes Negativbeispiel. Die Studentin Barbara Gälde ruft – nur mangelhaft vorbereitet – in der Personalabteilung der Versandhaus International AG an.

Telefonzentrale: »Versandhaus International AG, Telefonzentrale, guten Tag, mein Name ist Helena Sawatzki, was kann ich für Sie tun?«

Bewerberin: »Äh, ich möchte mich bewerben.«

Telefonzentrale: »Suchen Sie einen Ausbildungsplatz oder eine feste Stelle?«

Bewerberin: »Eigentlich einen Praktikumsplatz.«

Telefonzentrale: »Aha, dann verbinde ich Sie jetzt mit Frau Friege von der Personalabteilung.«

Bewerberin: »Danke ...«

Personalreferentin: »Versandhaus International AG, Britta Friege, guten Tag.«

Bewerberin: »Äh, guten Tag. Ich möchte mich bewerben.«

Personalreferentin: »Um welche Stelle geht es?«

Bewerberin: »Keine Stelle, ich suche einen Praktikumsplatz.«

Personalreferentin: »Verstehe, Sie sind Schülerin.«

Bewerberin: »Nein, Studentin, ich möchte gerne mehr Erfahrungen sammeln.«

Personalreferentin: »Warum sagen Sie das nicht gleich? Für Studenten ist mein Kollege Herr Backhaus der Ansprechpartner. Ich schaue mal eben, ob er an seinem Platz ist.«

Bewerberin: »Danke.«
Personalreferentin: »Sie haben Glück, ich verbinde Sie jetzt, auf Wiederhören.«
Bewerberin: »Auf Wiederhören.«
Personalreferent: »Backhaus, guten Tag.«
Bewerberin: »Guten Tag, ich suche einen Praktikumsplatz, äh, für Studenten.«
Personalreferent: »Haben Sie sich schon auf unserer Firmenwebsite informiert?«
Bewerberin: »Eigentlich nicht.«
Personalreferent: »Dann tun Sie das bitte, und schicken Sie mir dann Ihre Unterlagen.«
Bewerberin: »Aber ich wollte fragen ...«
Personalreferent: »Ich habe leider wenig Zeit, auf Wiederhören.«
Bewerberin: »Auf (klick) Wiederhören.«

Es sind Telefonate wie diese, die das Leben von Bewerbern, aber auch von Personalverantwortlichen so außerordentlich schwer machen. Barbara Gälde kennt nicht einmal die einfachsten Regeln der telefonischen Bewerbung. Obwohl sie weiß, dass sie sich bei einem großen Konzern bewirbt, scheint sie sich keine Gedanken darüber gemacht zu haben, wie sie am schnellsten den richtigen Ansprechpartner findet. Und auch nicht darüber, was sie ihm eigentlich genau mitteilen möchte.

Das ganze Gespräch besteht aus einem einzigen Herumeiern. Der Gesprächsverlauf ist zäh und dreht sich immer wieder im Kreis. Mit dem schlechtesten aller Einstiege, »Ich möchte mich bewerben«, liegt Barbara Gälde voll daneben. Weder Frau Sawatzki aus der Telefonzentrale noch Frau Friege aus der Personalabteilung werden schlau aus den spärlichen Angaben der Bewerberin und müssen ihr alle notwendigen Informationen mühsam aus der Nase ziehen.

Kein Wunder, dass die Personalreferentin Frau Friege die Anruferin nach kurzer Zeit leicht genervt mit den Worten »Warum sagen Sie das nicht gleich?« anfährt. Man kann im Hintergrund förmlich sehen, wie sie ihrem Kollegen, dem Personalreferenten Herrn Backhaus, Zeichen gibt, dass die Bewerberin so schnell wie möglich aus der Leitung zu kippen ist.

Herr Backhaus kennt seine Pappenheimer. Er hält sich nicht lange mit Höflichkeiten auf. Schließlich versteht er sich nicht als Berufsberater, sondern als Personalbeschaffer, der für die Firma ausschließlich engagierte und kommunikationsstarke Praktikanten sucht. Da Barbara Gälde seine Frage nach der Informationssuche auf der Firmenwebsite nicht positiv bestätigen kann, ist das Gespräch beendet, bevor es eigentlich angefangen hat.

Zurück bleiben eine frustrierte Praktikumsbewerberin und drei genervte Firmenmitarbeiter.

Bei Anruf: Praktikum!

Es geht glücklicherweise auch besser! Natürlich lassen sich telefonische Bewerbungen nicht bis ins letzte Detail vorausplanen und vorbereiten. Dennoch haben Bewerber wesentlich mehr Erfolg, wenn sie die Grundregeln der telefonischen Bewerbung kennen und auch umsetzen. Barbara Gälde hat sich im nun folgenden Positivbeispiel vor ihrem Anruf bei der Praktikumsfirma mehr Gedanken gemacht. Daher verläuft ihr Gespräch diesmal deutlich besser.

Telefonzentrale: »Versandhaus International AG, Telefonzentrale, guten Tag, mein Name ist Helena Sawatzki, was kann ich für Sie tun?«

Bewerberin: »Guten Tag, mein Name ist Barbara Gälde, ich bin Studentin und interessiere mich für ein Praktikum im Bereich IT und EDV, wer wäre denn da mein Ansprechpartner?«

Telefonzentrale: »Praktika für Studenten betreut Herr Backhaus, ich werde Sie jetzt mit der Personalabteilung verbinden.«

Bewerberin: »Danke.«

Personalreferent: »Backhaus, guten Tag.«

Bewerberin: »Guten Tag, Herr Backhaus, mein Name ist Barbara Gälde, ich bin Informatikstudentin an der Technischen Universität Karlsruhe, habe mein Vordiplom hinter mir und suche nun einen Praktikumsplatz, um den Versandhandel in den Bereichen Logistik und IT in der Praxis kennen zu lernen.«

Personalreferent: »Kennen Sie unsere Firmenwebsite, Frau Gälde?«

Bewerberin: »Selbstverständlich, Herr Backhaus, ich habe dort gesehen, dass Sie sowohl kaufmännische als auch informationstechnische Praktikumsplätze anbieten. Auf Ihrer Website habe ich auch gelesen, dass für Studierende die Möglichkeit besteht, an laufenden Projekten mitzuarbeiten. Das würde mich sehr interessieren, ich habe auch schon in der Vergangenheit an einigen Projekten neben dem Studium mitgearbeitet.«

Personalreferent: »Das klingt ja interessant, was haben Sie denn für Projekte vorzuweisen?«

Bewerberin: »Ich habe am Relaunch der Firmenwebsite eines Mittelständlers mitgearbeitet und gelernt, wie sich neue Zugriffsmöglichkeiten auf Datenbanken in Firmennetzwerken durchführen lassen. Außerdem bin ich mit der PHP-Programmierung vertraut. Meine ersten Praxiserfahrungen möchte ich natürlich weiter ausbauen.«

Personalreferent: »Wann soll denn Ihr Praktikum beginnen, und wie lange soll es dauern?«

Bewerberin: »Ideal wären die Sommersemesterferien, meine Klausuren enden im Juni, dann könnte ich ab dem 1. Juli für zwei Monate mitarbeiten.«

Personalreferent: »Das müsste passen, Sie rufen ja rechtzeitig an, bis dahin haben wir ja noch einige Monate Zeit. Schicken Sie mir doch bitte Ihre Unterlagen, und vermerken Sie noch einmal ausdrücklich den Zeitrahmen für das Praktikum und Ihre Einsatzmöglichkeiten. Dann können wir besser planen.«

Bewerberin: »Das mache ich gerne, Herr Backhaus. Möchten Sie die Unterlagen per Post oder per E-Mail?«

Personalreferent: »Sie können sie gerne per E-Mail schicken, am besten im PDF-Format, meine E-Mail-Adresse ist backhaus@versandhaus.com.«

Bewerberin: »Ich wiederhole noch mal zur Sicherheit: Backhaus mit ›ck‹ und dann das Ganze an backhaus@versandhaus.com, ist das richtig?«

Personalreferent: »Ja, das ist korrekt, Frau Gälde. Sie hören dann von mir.«

Bewerberin: »Vielen Dank für die Zeit, die Sie sich für mich genommen haben, Herr Backhaus. Auf Wiederhören.«

Personalreferent: »Gern geschehen, auf Wiederhören, Frau Gälde.«

Schon die erste Hürde, die Weiterverbindung durch die Telefonzentrale, bereitet Frau Gälde diesmal keine Schwierigkeiten. Statt mit Allgemeinplätzen Verwirrung zu stiften, liefert sie eindeutige Informationen. Mit der Einleitung »Guten Tag, mein Name ist Barbara Gälde, ich bin Studentin und interessiere mich für ein Praktikum im Bereich IT und EDV, wer wäre denn da mein Ansprechpartner?« sorgt sie von Anfang an für Klarheit. Frau Sawatzki aus der Telefonzentrale verbindet sie umgehend mit dem zuständigen Personalreferenten Herrn Backhaus.

Den Gesprächseinstieg mit dem Personalreferenten gestaltet Frau Gälde mit der kurzen Begründung des Praktikumswunsches aktiv. Wichtige Schlüsselwörter wie »Informatikstudentin«, »Technische Universität«, »Vordiplom« und »Praktikumsplatz« helfen Herrn Backhaus dabei, schnell einzuordnen, wer da eigentlich anruft und was die Anruferin von ihm will.

Auch diesmal stellt Herr Backhaus die Frage: »Kennen Sie unsere Firmenwebsite?« Für ihn ist die Antwort auf diese

Frage gesprächsentscheidend, zeigt sich doch schon an dieser Stelle, ob ein Bewerber es wirklich ernst meint und sich vorbereitet hat oder ob es sich nur um einen Zeitdieb handelt, der schnellstmöglich abgewimmelt werden sollte.

Frau Gälde meistert diese Klippe ohne Schwierigkeiten. Sie liefert nach ihrer selbstbewussten Antwort – »Selbstverständlich, Herr Backhaus« – gleich weiteren Gesprächsinput, um zu zeigen, dass sie den Internetauftritt der Firma wirklich kennt. Ihren Hinweis, dass sie gerne an laufenden Projekten im informationstechnischen Bereich mitarbeiten würde, verknüpft sie geschickt mit der Information, dass sie bereits erste Projekterfahrung gesammelt hat.

Hier hakt der Personalverantwortliche natürlich nach. Zum einen, um zu überprüfen, ob die Bewerberin wirklich über die behauptete Projekterfahrung verfügt, und zum anderen, weil der Personalprofi in ihm spürt, dass er eine echte Leistungsträgerin vor sich hat, deren Qualitäten er in einem Praktikum näher kennen lernen möchte.

Mit den Hinweisen auf den Relaunch der Firmenwebsite eines Mittelständlers und auf die bessere Einbindung von Datenbanken hat Barbara Gälde es endgültig geschafft: Herr Backhaus hat sich überzeugen lassen. Er klopft den Zeitrahmen für das Praktikum ab. Mit ihrem frühzeitigen Anruf sammelt Frau Gälde schon wieder Pluspunkte. Kein Wunder, dass der Personalreferent sie auffordert, ihre Bewerbungsunterlagen an ihn zu schicken. Er nennt ihr sogar seine persönliche E-Mail-Adresse, damit die Bewerbung direkt bei ihm landet.

Voller Punktsieg für Frau Gälde! Sie hat ihre telefonische Bewerbung diesmal gezielt vorbereitet und deshalb insgesamt bravourös gemeistert.

Damit auch Sie mit Ihrer telefonischen Bewerbung für ein Praktikum den verdienten Erfolg haben, haben wir in der folgenden Checkliste zusammengefasst, wo Sie mit Ihrer Vorarbeit ansetzen können und was Sie im eigentlichen Gespräch beachten sollten.

Darauf müssen Sie bei der telefonischen Kontaktaufnahme achten

- ◯ Sorgen Sie für eine ruhige Umgebung (Eltern oder Mitbewohner vorher informieren).
- ◯ Halten Sie Stift, Papier und einen Kalender für die Terminplanung bereit.
- ◯ Legen Sie Ihren Lebenslauf in Sichtweite.
- ◯ Überlegen Sie sich vor dem Telefonat die ersten Sätze für einen gelungenen Gesprächseinstieg.
- ◯ Sprechen Sie Ihren Gesprächspartner ab und zu mit seinem Namen an.
- ◯ Liefern Sie eine knappe, aber überzeugende Begründung Ihres Praktikumswunsches.
- ◯ Verdeutlichen Sie, dass Sie sich mit möglichen Einsatzfeldern im Praktikum beschäftigt haben.
- ◯ Weisen Sie bei passender Gelegenheit auf die Internetpräsenz der Firma hin.
- ◯ Fragen Sie gegebenenfalls nach besonderen Wünschen an

Praktikanten (PC-Kenntnisse, Sprachkenntnisse, besondere Erfahrungen, Dauer des Praktikums).

- ◯ Beenden Sie das Gespräch aktiv: Bedanken Sie sich für die Zeit, die man Ihnen eingeräumt hat, und für die Informationen, die man Ihnen gegeben hat.

9. Vorstellungsgespräch: Ring frei für Runde zwei

Wenn Sie zu einem Vorstellungsgespräch eingeladen werden, sind Sie schon einen großen Schritt weiter. Die Firma ist dann nämlich bereit, Ihnen einen Praktikumsplatz anzubieten. Nun will man aber noch im persönlichen Gespräch überprüfen, ob Sie gut ins Team passen würden und ob Ihr Praktikumswunsch ernst gemeint ist.

Überzeugen Sie durch Ihre Antworten

So mancher Praktikant ist schon aus allen Wolken gefallen, weil ihm im Vorstellungsgespräch Fragen gestellt wurden, auf die er einfach keine Antwort wusste. Es lohnt sich also, schon im Vorfeld die wichtigsten Fragen durchzugehen, damit Sie im Ernstfall überzeugen können.

Das sollten Sie sich merken:
Üblicherweise will die Firmenseite im Vorstellungsgespräch angehende Praktikanten nicht aufs Glatteis führen, sondern herausbekommen, wie ernsthaft die Bewerbung gemeint ist.

Glücklicherweise werden Sie nicht auf alle Fragen, die wir Ihnen nun vorstellen, im Gespräch treffen. Aber in jedem Fall sind Sie auf der sicheren Seite, wenn Sie durchschauen, was die Firmen mit den Fragen eigentlich bezwecken. Natürlich hängt die Intensität des Vorstellungsgesprächs auch davon ab, wie lange Ihr Praktikum dauern wird. Für ein Schulpraktikum von einer Woche wird der Aufwand wesentlich geringer sein als der für ein Hochschulpraktikum von drei Monaten Dauer.

Im Vorstellungsgespräch können Sie mit Fragen aus verschiedenen Bereichen konfrontiert werden, die wir im Folgenden für Sie zusammenfassen:

- → **Fragen zum Praktikumswunsch,**
- → **Fragen zur Praktikumsfirma,**
- → **Fragen zur Schule oder Hochschule,**
- → **Fragen zu Stärken und Schwächen,**
- → **Fragen zu Hobbys und Interessen,**
- → **Fragen zur Persönlichkeit,**
- → **Stressfragen und Kontrollfragen.**

Bitte machen Sie sich bewusst, dass ein Vorstellungsgespräch kein Verhör ist, man erwartet auch von Ihnen, dass Sie Fragen stellen und sich informieren. Auf diesen Punkt gehen wir am Ende des Kapitels ein.

Die Basis für Ihren Erfolg im Vorstellungsgespräch haben Sie bereits gelegt. Im Kapitel »Begründung: Warum sollten wir Sie als Praktikanten beschäftigen?« haben wir Ihnen gezeigt, welche Argumente Firmen überzeugen. Sie wissen bereits, dass Sie mit konkreten Hinweisen auf Lieblingsfächer, Nebenjobs, PC-Kenntnisse und passende Hobbys Ihrer Praktikumsbewerbung zum gewünschten Erfolg verhelfen werden.

Lassen Sie also in Ihre Antworten auf die Fragen, die wir Ihnen nun vorstellen, an passender Stelle immer wieder Teile Ihrer Begründung einfließen. So werden Ihre Antworten passgenau, stärkenorientiert und glaubwürdig, und Sie bekommen im Vorstellungsgespräch ein individuelles Profil!

Fragen zum Praktikumswunsch

Praktikanten müssen in den Firmen angeleitet, eingearbeitet und betreut werden. Wenn Firmen diesen zusätzlichen Arbeitsaufwand auf sich nehmen, möchten sie, dass die Praktikanten sich ebenso stark engagieren. Sie müssen also deutlich machen können, dass Ihr Praktikumswunsch nicht einer bloßen Laune entspringt, sondern wohl überlegt ist.

Antwortstrategie: Ganz wichtig ist, dass Sie begründen können, warum Sie sich für gerade dieses Praktikum entschieden haben. Es gibt viele Argumente, mit denen Sie Ihren Praktikumswunsch plausibel machen können: Sie können auf Informationen verweisen, die Sie vorher eingeholt haben, Sie können passende Schul- oder Studienfächer nennen, die Sie motiviert haben, Sie können geeignete Hobbys oder private Interessen ins Gespräch bringen. Und Sie können auch auf Gespräche mit Freunden oder Bekannten, die in ähnlichen Berufsfeldern tätig sind, hinweisen. Kurz gesagt: Es muss deutlich werden, dass Sie wissen, was Sie im Großen und Ganzen im Praktikum erwartet.

Typische Frage: »Warum wollen Sie dieses Praktikum bei uns machen?«

Überzeugende Antwort: »Ich interessiere mich schon länger für kaufmännische Berufe. In der Schule/im Studium interessieren mich Mathematik/Betriebswirtschaftslehre und Rechnungswesen besonders. Jetzt möchte ich die dazugehörige Praxis einmal gründlich kennen lernen.«

Weitere Fragen zum Praktikumswunsch

- »Seit wann wissen Sie, dass Sie ein Praktikum in diesem Berufsfeld machen möchten?«
- »Was interessiert Sie an diesem Praktikum?«
- »Was wollen Sie in diesem Praktikum lernen?«
- »Wie haben Sie sich über das Praktikum informiert?«
- »In welchen anderen Bereichen würden Sie auch gerne ein Praktikum machen?«
- »Welche Erwartungen haben Sie an Ihr Praktikum?«
- »Bei welchen Firmen haben Sie sich noch für ein Praktikum beworben?«
- »Wie stellen Sie sich Ihren ersten Tag bei uns als Praktikant vor?«
- »Warum sollten wir gerade Ihnen einen Praktikumsplatz anbieten?«
- »Welche Aufgaben könnten Sie für uns als Praktikant übernehmen?«
- »Angenommen, das Praktikum würde jetzt beginnen: Welche drei Fragen wären dann für Sie wichtig?«

Fragen zur Praktikumsfirma

Bewerbungen um ein Praktikum wirken nur dann ernsthaft, wenn der Bewerber deutlich machen kann, warum er sich bei gerade dieser Firma beworben hat. Keine Firma will die Rolle des Notnagels für ein ungeliebtes Pflichtpraktikum übernehmen. Im Gegenteil: Die Firmen erwarten, dass Sie sich vorab informiert haben und wissen, was die Firma auszeichnet.

Antwortstrategie: Informieren Sie sich gründlich über die Praktikumsfirma. Welche Produkte werden hergestellt? Welche Dienstleistungen werden angeboten? Wofür ist die Firma bekannt? Zu diesem Zweck können Sie die Firmenwebsite auswerten, den Firmennamen bei einer Suchmaschine im Netz eingeben oder sich Prospekte über die Angebote der Firma zuschicken lassen. Im Gespräch muss deutlich werden, dass Sie sich gründlich über die Praktikumsfirma informiert haben.

Typische Frage: »Wie sind Sie auf uns als Praktikumsfirma gekommen?«

Überzeugende Antwort: »Ich wollte unbedingt ein Praktikum bei einer Full-Size-Werbeagentur machen. Im Internet habe ich gesehen, dass Sie für Kunden sowohl Marketingstrategien entwickeln als auch die passenden Medien auswählen. Darüber hinaus habe ich gesehen, dass Sie ein eigenes Fotostudio und ein Team für das Layout haben. Mir wäre wichtig, im Praktikum alle Bereiche einmal näher kennen zu lernen.«

Weitere Fragen zur Praktikumsfirma

- »Was wissen Sie über unsere Firma?«
- »Was wissen Sie über unsere Produkte/Dienstleistungen?«
- »Wissen Sie, wie viele Mitarbeiter wir beschäftigen?«
- »Was reizt Sie an unserer Branche?«
- »Haben Sie Freunde oder Bekannte, die in unserer Branche arbeiten?«
- »Welchen Eindruck haben Sie von unserer Firma?«
- »Kennen Sie unseren Internetauftritt?«

- »Haben Sie schon einmal etwas über unsere Firma in der Zeitung gelesen?«
- »Wie schätzen Sie die zukünftigen Arbeitsmöglichkeiten in unserer Branche ein?«
- »Wenn wir Ihnen keinen Praktikumsplatz anbieten können, bei welchen Firmen würden Sie sich dann bewerben?«

Fragen zur Schule oder Hochschule

Je länger ein Praktikum dauert, desto mehr Leistungen werden vom Praktikanten erwartet. Deshalb wird in einem Vorstellungsgespräch erfragt, wie die bisherigen Leistungen in der Schule beziehungsweise Hochschule waren. Es wird auch überprüft, ob der geäußerte Praktikumswunsch und die Neigungen und Interessen in der Schule stimmig sind oder nicht. Darüber hinaus will man erfahren, ob Sie mit Ihren Lehrern und Mitschülern beziehungsweise Ihren Professoren und Kommilitonen zurechtkommen.

Antwortstrategie: Überlegen Sie sich vor dem Gespräch, welche Ihrer Schul- oder Studienfächer gut zu den Praktikumsinhalten passen könnten. Machen Sie deutlich, dass Sie sich schon länger für diese Fächer interessieren. Nicht in jedem genannten Fach müssen Sie die besten Noten vorweisen, sondern die Firma will grundsätzlich erkennen, ob Ihnen Ihre eigenen Vorlieben und Stärken bewusst sind. Betonen Sie auch, dass Sie mit Ihrem Umfeld im Großen und Ganzen problemlos zusammenarbeiten können.

Typische Frage: »Welche Fächer interessieren Sie in der Schule/Hochschule am meisten?«

Überzeugende Antwort: »Ich habe eigentlich immer viel Spaß an Mathematik, Technik und Physik. Es gefällt mir, an Aufgaben so lange herumzuknobeln, bis ich sie gelöst habe. Deswegen möchte ich jetzt auch ein Praktikum in der Kfz-Werkstatt machen.«

Weitere Fragen zur Schule oder Hochschule

- → »Was sind Ihre Lieblingsfächer in der Schule/Hochschule? Und warum?«
- → »Welche Fächer mögen Sie in der Schule/Hochschule überhaupt nicht? Und warum?«
- → »Mit welchen Lehrern/Professoren kommen Sie gut zurecht?«
- → »Mit welchen Lehrern/Professoren haben Sie Schwierigkeiten?«
- → »Welche Kenntnisse aus der Schule/Hochschule werden Ihnen dabei helfen, mit den Aufgaben im Praktikum zurechtzukommen?«
- → »Welche Eigenschaften mögen Sie an Lehrern/Professoren überhaupt nicht?«
- → »Welche Eigenschaften schätzen Sie an Lehrern/Professoren besonders?«
- → »Welche Fähigkeiten oder Kenntnisse haben Sie sich außerhalb der Schule/Hochschule angeeignet?«
- → »Was möchten Sie unbedingt noch lernen?«
- → »Was möchten Sie nach der Schule/Hochschule machen?«

Fragen zu Stärken und Schwächen

Auch mit diesen Fragen möchte die Firmenseite herausbekommen, ob Ihr Praktikumswunsch schlüssig ist. Die Stärken, die Sie nennen, sollten Ihnen dabei helfen, Ihr Praktikum gut zu bewältigen. An Ihren Schwächen ist man interessiert, weil man wissen möchte, ob Sie ein realistisches Bild von sich haben. Wer behauptet, dass er alles gut kann und keine Schwächen hat, wirkt unglaubwürdig.

Antwortstrategie: Wenn Sie nach Ihren Stärken gefragt werden, sollten Sie immer Beispiele in die Antworten einfließen lassen. Antworten Sie also nicht einfach: »Meine Stärke ist das selbstständige Arbeiten.« Besser wäre: »Meine Stärke ist das selbstständige Arbeiten, so habe ich im Prüflabor eigenständig Messprotokolle erstellt, analysiert und verglichen.« Erst durch Beispiele werden Ihre Stärken für andere wirklich sichtbar. Bei der Nennung Ihrer Schwächen können Sie Relativierungen wie »manchmal«, »gelegentlich« oder »ab und zu« einfließen lassen. Also nicht »Meine Schwäche ist, dass ich zu aufbrausend bin«, sondern »Manchmal bin ich zu aufbrausend, wenn etwas nicht sofort klappt«.

Typische Frage: »Nennen Sie mir bitte Ihre Stärken.«

Überzeugende Antwort: »Als meine Stärken sehe ich meine Ausdauer und meine Genauigkeit an. In meinem Ferienjob als Bedienung empfand ich den Arbeitstag manchmal schon als ziemlich lang, habe aber durchgehalten. Abends musste ich dann immer noch die Kasse machen, das habe ich eigentlich trotzdem immer gut hinbekommen. Mein Chef war sehr zufrieden mit mir.«

Weitere Fragen zur Stärken und Schwächen

- »Wo sehen Sie Ihre Schwächen?«
- »Wenn wir Ihre Eltern fragen würden: Welche drei Stärken von Ihnen würden Sie uns nennen?«
- »Wenn wir einen Ihrer Freunde fragen würden: Welche Schwächen von Ihnen würde er uns verraten?«
- »Was mögen Sie an Mitschülern/Kommilitonen?«
- »Was stört Sie an Mitschülern/Kommilitonen?«
- »Welche Aufgaben übernehmen Sie gerne?«
- »Vor welchen Aufgaben würden Sie lieber flüchten?«
- »Was loben andere an Ihnen?«
- »Was kritisieren andere an Ihnen?«
- »Was können Sie besser als andere?«

Fragen zu Hobbys und Interessen

Je weniger berufliche Erfahrungen Bewerberinnen und Bewerber vorweisen können, desto mehr muss indirekt erschlossen werden, ob sie tatsächlich für das angestrebte Berufsfeld geeignet sind. Daher können Fragen nach Hobbys oder privaten Freizeitinteressen in Vorstellungsgesprächen mit angehenden Praktikanten eine wichtige Rolle spielen. Schließlich kann diese Bewerbergruppe typischerweise auf keine oder nur äußerst wenig berufliche Erfahrungen verweisen.

Antwortstrategie: Gehen Sie Ihre Hobbys und Interessen in Gedanken durch, und überlegen Sie, was davon gut zu Ihren beruflichen Wünschen passt. Dabei kommt es nicht nur auf das Fachwissen an. Wer sich beispielsweise in seiner Freizeit gern mit Computern beschäftigt, ist vielleicht auch gut darin, anderen die Programme zu erklären. Wer Mannschaftssport betreibt, organisiert vielleicht auch gerne die eine oder andere Wochenendfreizeit. Im Idealfall beantworten Sie also Fragen zu Ihren Hobbys oder Freizeitinteressen so, dass eine gewisse Nähe zu Ihren beruflichen Wünschen erkennbar wird.

Typische Frage: »Womit beschäftigen Sie sich in Ihrer Freizeit?«

Überzeugende Antwort: »Ich tanze in einer Hip-Hop-Gruppe. Wir treffen uns zweimal in der Woche, um neue Schritte und Figuren einzuüben. Manchmal treten wir auch auf Partys auf.« (Passt zu einem Praktikum in einem Fitness-Center.) Oder: »Ich arbeite in einer Studenteninitiative mit und organisiere dort Firmenbesuche und Firmenvorträge.« (Passt zu einem Praktikum in den kaufmännischen Abteilungen einer Firma.)«

Weitere Fragen zu Hobbys und Interessen

- »Was unternehmen Sie in der Freizeit?«
- »Unternehmen Sie lieber etwas mit Freunden oder allein?«
- »Welche Hobbys üben Sie aus?«
- »Was gefällt Ihnen an Ihren Hobbys?«
- »Welchen Film haben Sie zuletzt im Kino gesehen?«
- »Lesen Sie regelmäßig Zeitungen oder Zeitschriften? Wenn ja, welche?«
- »Welches Buch haben Sie zuletzt gelesen?«

- »Wenn Sie mehr Freizeit hätten, welchen Hobbys würden Sie dann noch nachgehen?«
- »Welche drei Dinge reizen Sie an Ihrem Hobby?«
- »Auf welches Hobby könnten Sie am schwersten verzichten?«

Fragen zur Persönlichkeit

Im Praktikum und im späteren Berufsleben treffen Sie immer wieder auf andere Menschen, mit denen Sie zurechtkommen müssen. Hierbei handelt es sich um Kollegen, Vorgesetzte, aber auch Kunden. Wer sich dann bei etwas Kritik gleich in die Schmollecke zurückzieht, hat es schwer. Deshalb werden Fragen gestellt, wie die Bewerber mit kritischen Rückmeldungen und stressigen Situationen üblicherweise umgehen.

Antwortstrategie: Wer sich als umgänglicher Teamplayer darstellt, der bereit ist, Neues zu lernen, und konstruktive Kritik eher als Ansporn versteht, kann hier überzeugen. Überlegen Sie sich einige Beispiele aus der Schule oder dem Studium, wo Sie Konflikte erfolgreich gelöst haben. Und auch solche, wo Sie mit Mitschülern oder Mitstudierenden gemeinsam auf ein Ziel hingearbeitet haben.

Typische Frage: »Können Sie uns ein Beispiel für Ihre Teamfähigkeit geben?«

Überzeugende Antwort: »Für die Klasse/die Fachschaft habe ich einige Partys mitorganisiert. Wir haben gemeinsam Getränke gekauft, den Raum geschmückt, Plakate gestaltet und am Ende alles wieder aufgeräumt.«

Weitere Fragen zur Persönlichkeit

- → »Welche Aufgaben erledigen Sie gerne in der Gruppe?«
- → »Welche Aufgaben lassen sich Ihrer Meinung nach eher schlecht in der Gruppe erledigen?«
- → »Was verstehen Sie unter Teamfähigkeit?«
- → »Welche Bedeutung hat der Begriff Serviceorientierung für Sie?«
- → »Wie gehen Sie mit kritischen Rückmeldungen um?«
- → »Wann haben Sie das letzte Mal etwas aus Kritik gelernt? Und was?«
- → »Wie reagieren Sie unter Stress?«
- → »Wann haben Sie das letzte Mal unter Stress die Nerven verloren? Und aus welchem Anlass?«
- → »Würden andere Menschen Sie als teamfähig bezeichnen?«
- → »Sind Sie bei neuen Aufgaben eher positiv oder negativ gestimmt?«

Stressfragen und Kontrollfragen

Nicht in jedem Vorstellungsgespräch mit Praktikanten werden Stress- oder Kontrollfragen eingestreut. Aber wenn Ihr Gesprächspartner auf der Firmenseite den Eindruck gewinnt, dass Sie sich Ihrer Sache selbst nicht sicher sind, wird er nachhaken und auf Widersprüche hinweisen.

Antwortstrategie: Verfolgen Sie Ihren eingeschlagenen Kurs weiter, und lassen Sie sich nicht verunsichern. Bleiben Sie vor allem ruhig, und nennen Sie noch einmal die wichtigsten Argumente, die für Sie als Praktikanten sprechen und die nachvollziehbar belegen, warum Sie sich für gerade dieses Praktikum und diese Firma bewusst entschieden haben.

Typische Frage: »Sie haben mich noch nicht ganz überzeugt: Was spricht eigentlich für Sie als Praktikanten?«

Überzeugende Antwort: »Ich habe schon länger den Wunsch, ein Praktikum im Marketing zu machen. So habe ich mich im Studium sowohl mit dem klassischen Marketing als auch mit neuen Formen wie Direktmarketing und Online-Marketing beschäftigt. Ich habe mir auch entsprechende PC-Kenntnisse angeeignet, um beispielsweise Datenbanken zu aktualisieren. Jetzt möchte ich gerne die praktische Seite bei Ihnen kennen lernen und würde mich freuen, wenn ich an konkreten Aufgaben oder Projekten mitarbeiten dürfte.«

Weitere Stress- und Kontrollfragen

- »Sind Sie sicher, dass Sie mit den Aufgaben im Praktikum wirklich zurechtkommen? Und warum?«
- »Warum glauben Sie, dass Sie die langen Arbeitstage bei uns durchstehen werden?«
- »Sind Sie mit Ihren Fähigkeiten als Praktikant nicht unterfordert?«
- »Sie wirken unsicher: Warum glauben Sie, dass ein Praktikum bei uns das Richtige für Sie ist?«
- »Was machen Sie, wenn Sie nach einigen Tagen bei uns feststellen, dass Sie das Praktikum überfordert?«
- »Mal ganz ehrlich, wollen Sie das Praktikum nicht nur machen, weil es in der Prüfungsordnung vorgeschrieben ist?«

- → »Angenommen wir müssten uns zwischen Ihnen und Ihrem besten Freund als Praktikanten entscheiden, wer sollte den Praktikumsplatz bekommen?«
- → »Welchen Lehrer/Professor könnte ich jetzt anrufen und fragen, ob Sie wirklich als Praktikant für uns geeignet sind?«
- → »Würden Sie sich selbst den Praktikumsplatz geben?«
- → »Unser letzter Praktikant hat nach einer Woche das Handtuch geschmissen. Könnte Ihnen das auch passieren?«

Ihre eigenen Fragen

»Stumme Fische« oder »graue Mäuse« haben es im Vorstellungsgespräch schwer. Nur diejenigen Bewerber, die eigene Fragen stellen, werden ihr Ziel – einen Praktikumsplatz – erreichen. Hinzu kommt, dass die Firmenseite aus einem aktiven Gesprächsverhalten folgert, dass der Bewerber sich im eigentlichen Praktikum ebenfalls aktiv verhalten wird.

Fragestrategie: Stellen Sie auf jeden Fall mehrere Fragen, damit das Vorstellungsgespräch nicht in ein Verhör ausartet. Bewerber mit der inneren Einstellung »Fragen Sie mich nur, Sie sind schließlich der Profi« verkennen die Situation. Zeigen Sie mit Ihren Fragen, dass Sie ein echtes Interesse an der Firma und den Aufgaben haben, die auf Sie zukommen. Gehen Sie auch bei Ihren eigenen Fragen taktisch vor. Fragen Sie zuerst nach typischen Aufgabenstellungen, Arbeitsabläufen und Ansprechpartnern und erst ganz am Schluss nach Übernahmechancen, Arbeitszeiten oder einer eventuellen Praktikumsvergütung.

Fragen, die Sie stellen können

- → »Was ist Ihnen an Praktikanten besonders wichtig?«
- → »Welche Aufgaben dürfen Praktikanten bei Ihnen nach der Einarbeitung selbstständig bearbeiten?«
- → »Wer ist im Praktikum mein Ansprechpartner?«
- → »Welche Abteilungen/Stationen werde ich im Praktikum kennen lernen?«
- → »Muss ich spezielle Arbeitskleidung tragen?«
- → »Gibt es die Möglichkeit, bei Ihnen mehrmals ein Praktikum zu absolvieren?«
- → »Gibt es Übernahmechancen für Praktikanten?«
- → »Gibt es eine Praktikumsvergütung?«
- → »Wann beginnt und wann endet mein Arbeitstag normalerweise?«

Wenn Sie die Vorbereitung auf Ihr Vorstellungsgespräch optimieren wollen, sollten Sie die vielen vorgestellten Fragen nicht nur lesen und in Gedanken beantworten. Bereiten Sie sich auf den Ernstfall vor, indem Sie sich die Fragen von einem Freund oder einer Freundin stellen lassen. Ihr Trainingspartner schlüpft dann in die Rolle des Chefs beziehungsweise der Chefin. Setzen Sie sich an einem Tisch einander gegenüber, und lassen Sie sich die eine oder andere Frage auch einmal in einem strengeren Ton stellen. So gewöhnen Sie sich an die Atmosphäre in Vorstellungsgesprächen.

Wenn Sie oder Ihr Gesprächspartner mit einzelnen Antworten nicht zufrieden sind, sollten Sie noch einmal unsere Tipps zur Antwortstrategie und zum Hintergrund der Fragenblöcke berücksichtigen. Mit dieser gezielten Vorbereitung werden Sie wesentlich an Sicherheit gewinnen und im eigentlichen Vorstellungsgespräch keine bösen Überraschungen erleben.

10. Wichtig: Ein Praktikumszeugnis

In Ihrem Praktikum haben Sie viele neue Erfahrungen gesammelt, berufliche Abläufe kennen gelernt und Einblicke in ein ausgewähltes Berufsfeld bekommen. Damit nicht nur Sie selbst wissen, dass Sie etwas Neues gelernt haben, sondern dies auch anderen mitteilen können, ist es wichtig, ein Praktikumszeugnis zu bekommen.

Mit dieser Aufgabe sind nicht nur Praktikanten, sondern auch die Firmen häufig etwas überfordert. Damit Sie es leichter haben, geben wir Ihnen nun wichtige Tipps zu Ihrem Praktikumszeugnis und stellen Ihnen zwei komplette Zeugnismuster vor, an denen Sie sich orientieren können.

Ein Praktikumszeugnis mit Profil

Unter Selbstmarketing verstehen Profis in Sachen Bewerbung und Karriere die Fähigkeit von Bewerberinnen und Bewerbern, für die eigenen beruflichen Stärken und Fähigkeiten angemessen zu werben. Zu dieser Werbung in eigener Sache gehören auf jeden Fall auch Arbeitszeugnisse, also auch Zeugnisse über die Leistungen, die in einem Praktikum erbracht worden sind.

Praktikumszeugnisse sind deshalb wichtig, weil nicht Sie selbst, sondern ein Außenstehender darüber berichtet, was Ihnen bei der Arbeit gut gelungen ist und wo Ihre Stärken liegen.

Das sollten Sie sich merken:
Mit zwei oder drei guten Praktikumszeugnissen lassen sich auch Schwächen in einzelnen Schulfächern beziehungsweise Studienfächern ausgleichen.

Wer beispielsweise belegen kann, dass er Stärken in der Kundenberatung und im Verkauf hat, dem wird sicherlich nachgesehen, dass die Schulnote in Physik eher unterdurchschnittlich ist. Genauso können Studierende, die Praktikumszeugnisse vorlegen, in denen technische Fähigkeiten gelobt werden, schwache Noten in Statistik ausgleichen. Ein gutes Zeugnis ist damit ein echter Joker, mit dem Sie bei Bewerbungen punkten können!

Damit Ihr Praktikumszeugnis den Anforderungen an ein Arbeitszeugnis genügt, gilt es, einige Dinge zu berücksichtigen. Achten Sie darauf, dass Ihr Zeugnis diese Angaben enthält:

- **die Überschrift »Praktikumszeugnis« oder »Zeugnis«,**
- **Ihren Vor- und Zunamen,**
- **Ihren Geburtstag und Geburtsort,**
- **die Abteilung, in der Sie gearbeitet haben,**
- **die Dauer des Praktikums (Eintritts- und Austrittsdatum),**
- **die einzelnen Aufgaben, die Sie kennen gelernt haben,**
- **einzelne Leistungsbewertungen (zu Ihrer Arbeitsmotivation, zu Ihrer Arbeitsweise, zu Ihren Arbeitserfolgen),**
- **eine zusammenfassende Bewertung Ihrer Leistungen,**
- **eine Bewertung Ihres Umgangs mit Vorgesetzten, Kollegen und Kunden,**
- **gute Wünsche für Ihren weiteren beruflichen Werdegang,**
- **das Ausstellungsdatum und den Ausstellungsort,**

→ **die Unterschrift des Zeugnisausstellers,**
→ **die berufliche Position des Zeugnisausstellers.**

Wie sich diese Vorgaben in die Praxis umsetzen lassen, zeigen wir Ihnen anhand der folgenden Beispiele für gelungene Praktikumszeugnisse.

Zeugnisbeispiele

Wenn Sie sich an die Aufgabe wagen, einen Entwurf für Ihr Praktikumszeugnis auszuarbeiten, gilt es, sowohl formale als auch inhaltliche Aspekte zu berücksichtigen. Zu den Formalien gehört beispielsweise das Firmenbriefpapier, auf dem das Zeugnis zu verfassen ist, die korrekte Überschrift, die Unterschrift des Zeugnisausstellers und die Angabe seiner beruflichen Position.

Ganz wesentlich für die inhaltliche Seite ist die Tätigkeitsbeschreibung. Je genauer die Aufgaben beschrieben und aufgezählt werden, die der Praktikant kennen gelernt hat, desto besser.

Wenn Sie unsere Beispielzeugnisse in Ruhe auf sich wirken lassen, werden Sie feststellen, dass sich hier sorgfältiges Arbeiten auszahlt. Sorgen Sie also dafür, dass auch Ihr Praktikumszeugnis eine ausführliche Aufgabenbeschreibung enthält und formal ebenfalls korrekt ist.

Praktikumszeugnis für einen Schüler

Elektrik-Tobler GmbH
Schlossstraße 11
79115 Freiburg

Praktikumszeugnis

Herr Sebastian Knaak, geboren am 03.11.1995 in Freiburg, war vom 01.08.2011 bis zum 31.08.2011 in unserem Hause als Praktikant tätig.

Er wurde in den Abteilungen Verkauf, Kundendienst und Service eingesetzt und lernte diese Tätigkeiten und Aufgabenfelder kennen:

→ **Teilnahme an Verkaufsgesprächen,**
→ **Annahme von defekten Geräten zur Reparatur,**
→ **Ersatzteilbestellung beim Großhändler,**
→ **Serviceeinsätze vor Ort beim Kunden,**
→ **Rechnungserstellung nach Serviceeinsätzen.**

Herr Knaak ging mit großer Motivation an sein Praktikum heran und arbeitete sich schnell in neue Aufgaben ein. Er war stets freundlich zu Vorgesetzten, Mitarbeitern und Kunden und erledigte die ihm übertragenen Aufgaben stets zu unserer vollen Zufriedenheit.

Wir wünschen ihm für seine weitere berufliche Entwicklung und auch persönlich alles Gute.

Freiburg, 31.08.2011

Horst Siebel
Geschäftsführer

Der Schüler Sebastian Knaak hat ein vierwöchiges Praktikum in einem Geschäft für Elektrogeräte durchgeführt. Über seinen ersten längeren Kontakt mit der Berufswelt hat er sich ein Zeugnis schreiben lassen.

Das Zeugnis ist mit der richtigen Überschrift »Praktikumszeugnis« versehen worden. Im Einleitungsabsatz wird der Praktikant mit Vor- und Zunamen genannt. Auch Geburtsort und -datum werden genauso wie der Beginn und das Ende des Praktikums aufgeführt.

Sebastian Knaak hat in seinem Praktikum mehrere Abteilungen durchlaufen, was an der Aufzählung »Er wurde in den Abteilungen Verkauf, Kundendienst und Service eingesetzt« klar erkennbar ist.

Weiter positiv fällt die gründliche Aufgabenbeschreibung auf. Die Elektrik-Tobler GmbH hat sich mit ihrem Praktikanten viel Mühe gegeben. Er hat sowohl im Geschäft selbst Kundenkontakt gehabt als auch an Einsätzen der Servicekräfte beim Kunden vor Ort teilgenommen.

Günstig ist die Hervorhebung, dass Sebastian Knaak »mit großer Motivation an sein Praktikum heranging«. Auch sein »freundlicher Umgang mit Vorgesetzten, Mitarbeitern und Kunden« wird ausdrücklich gelobt. Sollte er sich einmal um eine Ausbildung in einem Beruf mit Kundenkontakt bewerben, dürfte ihm dieses gute Zeugnis viele Türen öffnen.

Das Praktikumszeugnis endet mit der Unterschrift des Geschäftsführers, Herrn Horst Siebel. Damit wird ein weiteres Mal die große Wertschätzung zum Ausdruck gebracht, die sich Sebastian Knaak durch sein Engagement in der Praktikumsfirma offensichtlich erarbeitet hat. Glückwunsch zu diesem guten Zeugnis!

Praktikumszeugnis einer Studentin

Verlagsgruppe Grüner & Ja AG
Alsterchaussee 110-118
21234 Hamburg

ZEUGNIS

Frau Franziska Zeidler, geb. am 04. August 1989 in Hamburg, hat vom 01. Juni 2011 bis zum 31. August 2011 in unserem Verlag ein Praktikum absolviert. Sie lernte die Redaktionen der Frauenzeitschriften »Für dich« und »Deine Welt« und die Redaktion der TV-Zeitschrift »14 Tage« kennen.

Zu ihren Aufgaben gehörte im Einzelnen:

- → **Recherche zu Artikeln im Internet und im Archiv,**
- → **Vorbereitung von Interviews für die Redakteurinnen und Redakteure,**
- → **Führen einzelner Interviews,**
- → **Ausformulierung von Interviews,**
- → **Aktualisierung des digitalen Pressespiegels,**
- → **Zusammenarbeit mit der Foto-Redaktion,**
- → **Zusammenarbeit mit den Online-Redaktionen.**

Frau Zeidler arbeitete sich hoch motiviert und schnell in die neuen Aufgabenstellungen ein. Dank ihres systematischen Arbeitsstils und ihres konzeptionellen Denkvermögens kam sie mit den hohen Anforderungen des Praktikums jederzeit sehr gut zurecht. Die Qualität ihrer Arbeitsergebnisse erfüllte stets hohe Ansprüche. Besonders hervorzuheben ist ihr freundliches Wesen, auch in Belastungssituationen, und ihr weit überdurchschnittlicher Arbeitseinsatz.

Insgesamt erfüllte Frau Zeidler die ihr übertragenen Aufgaben stets zu unserer vollsten Zufriedenheit.

Ihr Verhalten gegenüber Vorgesetzten, Kolleginnen und Kollegen und Interviewpartnern war stets sehr gut.

Für die erfolgreiche Zusammenarbeit mit Frau Zeidler danken wir ihr sehr. Für ihr weiteres Studium der Online-Journalistik wünschen wir ihr alles Gute und weiterhin viel Erfolg.

Hamburg, 31. August 2011

Susanne Kuthe
Chefredakteurin »Für dich«

Franziska Zeidler ist Studentin des Studienganges Online-Journalismus an einer Fachhochschule. Sie hat nach dem Vordiplom ein dreimonatiges Pflichtpraktikum bei der Verlagsgruppe Grüner & Ja AG absolviert.

In ihr Praktikum hat sich Franziska Zeidler mit viel Engagement und Ausdauer eingebracht. Dementsprechend überzeugend ist auch ihr Praktikumszeugnis ausgefallen.

Schon die Überschrift »Zeugnis« statt »Praktikumszeugnis« ist taktisch günstig gewählt. So wird bei späteren Bewerbungen der positive Eindruck geweckt, dass Franziska Zeidler nicht nur eine vorgegebene Zeit bei einer Firma abgesessen, sondern von Anfang an mit vollem Einsatz an mitgearbeitet hat.

Der Einleitungsabsatz ist vorbildlich. Vor- und Zuname von Frau Zeidler werden ebenso genannt wie ihr Geburtstag und Geburtsort. Die Praktikumsdauer wird ebenfalls mit Eintritts- und Austrittsdatum korrekt aufgeführt. Günstig ist, dass alle Redaktionen genannt werden, in denen Franziska Zeidler tätig war, nämlich sowohl die Frauenzeitschriften »Für dich« und »Deine Welt« als auch die TV-Zeitschrift »14 Tage«.

Der Block der Aufgabenbeschreibungen ist ausführlich und aussagekräftig. Zeugnisleser können nachvollziehen, wie Franziska Zeidler Schritt für Schritt an die Berufspraxis herangeführt worden ist. Sie hat zunächst die »Recherche zu Artikeln im Internet und im Archiv« kennen gelernt. Dann wurde sie mit der »Vorbereitung von Interviews«, dem »Führen einzelner Interviews« und der »Ausformulierung von Interviews« betraut.

Sie hat sich aber noch in weitere Aufgabenfelder eingearbeitet. Auch die »Aktualisierung des digitalen Pressespiegels«, die »Zusammenarbeit mit der Foto-Redaktion« und die »Zusammenarbeit mit den Online-Redaktionen« werden ausdrücklich aufgeführt.

Die Bewertung ihrer Leistungen ist gut bis sehr gut. Wichtige Informationen zur »Motivation«, zum »Arbeitsstil«, zum »Denkvermögen« und zur »Arbeitsqualität« werden gegeben. Die zusammenfassende Leistungsbeurteilung ist sehr gut. Der Satz »Insgesamt erfüllte Frau Zeidler die ihr übertragenen Aufgaben stets zu unserer vollsten Zufriedenheit« entspricht der Note 1.

Ganz wichtig ist auch die Unterschrift der Chefredakteurin, Frau Susanne Kuthe, am Ende des Zeugnisses. So bekommt das ganze Zeugnis noch mehr Aussagekraft.

Insgesamt ein absolut überzeugendes Praktikumszeugnis, mit dem Franziska Zeidler bei künftigen Bewerbungen sicherlich viele Pluspunkte sammeln kann.

Sie haben anhand unserer Beispielzeugnisse gesehen, dass es sich in jedem Fall lohnt, nach einem Praktikumszeugnis zu fragen. Wenn die Firma Sie auffordert, zunächst einen eigenen Entwurf anzufertigen, sollten Sie diese Chance nutzen. Orientieren Sie sich bei Ihrem Entwurf an unseren Beispielen und berücksichtigen Sie unsere Tipps. Wenn Sie weitere Vorlagen und Formulierungen für Zeugnisse suchen, empfehlen wir Ihnen unseren Ratgeber *Arbeitszeugnisse formulieren und entschlüsseln* oder *Arbeitszeugnisse*.

11. Rückblende: Welche Erfahrungen sind wichtig?

Praktika sind fantastische Gelegenheiten, um für begrenzte Zeit in unterschiedlichste Branchen und Berufsfelder hineinzuschnuppern. Die berufliche Praxis ist letztendlich entscheidender für Ihren weiteren Werdegang als die theoretischen Inhalte aus Schule oder Hochschule.

Oft ergeben sich aus einem Praktikum auch Anregungen, welche Kenntnisse Sie noch ausbauen und welchen beruflichen Wünschen Sie künftig verstärkt nachgehen möchten. Es lohnt sich daher, das Praktikum in einer detaillierten Rückblende noch einmal kritisch zu reflektieren.

Reflektieren Sie Ihr Praktikum

Damit das absolvierte Praktikum nachhaltige Wirkungen für die weitere Planung Ihrer beruflichen Zukunft entwickeln kann, lohnt sich der Blick zurück. Nehmen Sie sich etwas Zeit, und bewerten Sie die vielen neuen Erfahrungen, die Sie gemacht haben. Die folgenden Fragen helfen Ihnen dabei.

Gehen Sie die Fragen durch, und geben Sie sich ehrliche Antworten, damit Sie die Einblicke aus dem Praktikum für Ihre weitere berufliche Entwicklung nutzbar machen können.

Aus Erfahrung wird man klug

- ◯ Welche neuen Einblicke hat mir das Praktikum vermittelt?
- ◯ Welche Aufgaben haben mir sehr gut gefallen?
- ◯ Was hat mir überhaupt nicht gefallen?
- ◯ Gab es spezielle Projekte oder Aufgaben, an denen ich mitarbeiten durfte?
- ◯ Bin ich gut mit den Kollegen zurechtgekommen? Wenn nicht, warum nicht?
- ◯ Haben mich die Kollegen auch einmal gelobt? Wenn ja, wofür?
- ◯ Welche Kollegen haben mich begeistert? Und warum?
- ◯ Habe ich mich mit meinem Vorgesetzten verstanden? Wenn nicht, warum nicht?
- ◯ Habe ich von meinem Vorgesetzten positive Rückmeldungen bekommen? Wenn ja, wofür?
- ◯ Bin ich kritisiert worden? Wenn ja, wofür?
- ◯ War die Kritik berechtigt?
- ◯ Falls es Kundenkontakt gab: Bin ich gut mit den Kunden zurechtgekommen?

- ◯ In welchen Abteilungen habe ich mich wohl gefühlt?
- ◯ Bei welchen Aufgaben konnte ich selbstständig arbeiten?
- ◯ Fehlen mir bestimmte Fachkenntnisse für mein angestrebtes Berufsfeld, die ich mir noch aneignen muss?
- ◯ Benötige ich noch erweiterte Sprachkenntnisse?
- ◯ Bin ich in den gängigen PC-Programmen fit?
- ◯ Ist das Praktikum so verlaufen, wie ich es mir vorgestellt hatte?
- ◯ Konnte ich die Arbeitsbelastung bewältigen? Wenn nicht, was könnte ich ändern?
- ◯ Habe ich mich vor dem Praktikum ausreichend darüber informiert, was auf mich zukommt?
- ◯ Würde ich bei der gleichen Firma noch einmal ein Praktikum machen?
- ◯ Welche Erfahrungen aus dem Praktikum haben mich für meine beruflichen Pläne weiter gebracht?
- ◯ Was würde ich das nächste Mal anders machen?

Wichtig ist, dass Sie sich ein differenziertes Bild machen. Es ist ganz normal, dass im Praktikum nicht von Anfang bis Ende eitel Sonnenschein herrscht. Spannungen, Auseinandersetzungen und Kritik gehören zum Berufsleben nun einmal dazu. Deswegen muss ein Praktikum aber nicht insgesamt sinnlos gewesen sein. Schließlich gibt es auch Erfolgserlebnisse, Anerkennung und positive Rückmeldungen.

In einigen Bereichen werden Ihre beruflichen Vorstellungen sicherlich bestätigt worden sein. Und in anderen Bereichen werden Sie festgestellt haben, dass Sie auf bestimmte Personen oder Aufgaben gerne verzichten können. Je besser Sie wissen, was Sie künftig wollen – und was nicht –, desto erfolgreicher ist Ihr Praktikum gewesen!

12. Schlusswort: Durch Praktika zum beruflichen Erfolg

In den letzten Jahren sind die Ansprüche der Firmen an Bewerberinnen und Bewerber deutlich gestiegen, und dies gilt auch für die Bewerbung um ein Praktikum. So mancher Schüler oder Studierende hat sich gründlich verrechnet, weil er dem Irrglauben unterlag, dass sich ein Praktikumsplatz quasi im Vorbeigehen ergattern ließe.

Glücklicherweise haben Sie sich bei Ihrer Bewerbung um ein Praktikum nicht auf das Prinzip Zufall verlassen, sondern sich mit den geschriebenen und ungeschriebenen Regeln der Firmen an Bewerber vertraut gemacht. Daher sind wir uns sicher, dass Sie mit Ihren gut vorbereiteten und durchdachten Bewerbungen auch den verdienten Erfolg – nämlich einen erstklassigen Praktikumsplatz – erzielen werden.

Mit Ihrem Praktikum haben Sie einen entscheidenden Schritt von der Schule oder Hochschule hin zum Berufsleben gemacht. Sie haben die Berufspraxis kennen gelernt und wissen nun genauer, womit Sie sich künftig verstärkt beschäftigen möchten – und womit nicht! In Ihrem späteren Berufsleben wird es nicht mehr so leicht sein, für kurze Zeit in verschiedene Branchen, Berufe und Tätigkeitsfelder unverbindlich hineinzuschnuppern. Nutzen Sie diese Chance! Jede Berufserfahrung, die Sie machen, hilft Ihnen später nicht nur, im Berufsleben Fuß zu fassen, sondern erleichtert Ihnen auch die Orientierung, wenn es darum geht, Ihre beruflichen Ziele und Wünsche zu ermitteln.

Wenn Sie bei künftigen Bewerbungsaktivitäten wieder auf unseren Rat zurückgreifen möchten, empfehlen wir Ihnen einen Blick auf unsere Website. Unter www.karriereakademie.de finden Sie weitere Informationen zu unseren Büchern und Trainingsangeboten.

Für Ihre Bewerbung um ein Praktikum wünschen wir Ihnen viel Erfolg!

Christian Püttjer & Uwe Schnierda

Register

Püttjer & Schnierda: Coaching und Beratung

Unsere Angebote:

- → Bewerbungsunterlagen-Check
- → Vorstellungsgespräch-Coaching
- → Karriereberatung
- → Assessment-Center-Intensivtraining
- → Führungskräfte-Coaching
- → Rhetorik-Events

Preise und weitere Details zu den einzelnen Beratungsmodulen finden Sie im Internet unter **www.karriereakademie.de**

Püttjer & Schnierda
Raiffeisenstraße 26
24796 Bredenbek/Naturpark Westensee
Tel. 04334 183787
team@karriereakademie.de

www.karriereakademie.de

Kostenlos:
15-teiliges Videotraining unter **www.karriere-akademie.de**

Christian Püttjer,
Uwe Schnierda
Das große Bewerbungshandbuch

6., überarbeitete
und erweiterte Auflage
2010. 587 Seiten, kartoniert,
mit CD-ROM
ISBN 978-3-593-38965-3

E-Book:
ISBN 978-3-593-40423-3

Die Bewerbungsbibel

Ob nach der Schule, der Ausbildung, dem Studium oder für den nächsten Karriereschritt – früher oder später kommt jeder in die Situation, seinen Wunscharbeitgeber von den eigenen Stärken überzeugen zu müssen. Dieses umfassende Handbuch beantwortet alle Fragen zu den einzelnen Bewerbungssituationen:

- Vorbereitende Stärken-Schwächen-Analyse mithilfe der Profil-Methode®
- Schriftliche Bewerbung: Anschreiben, Lebenslauf, Foto, Leistungsbilanz, Arbeitszeugnis
- Vorstellungsgespräch, Assessment-Center und Einstellungstests
- Sonderformen: Online- und Initiativbewerbung

Mehr Informationen unter
www.campus.de

campus
Frankfurt · New York

Christian Püttjer,
Uwe Schnierda
Einstellungstest – Das große Handbuch
Alle Aufgaben, alle Lösungen

2., aktualisierte Auflage, 2011
Ca. 512 Seiten, kartoniert,
mit CD-ROM
ISBN 978-3-593-39442-8

E-Book:
ISBN 978-3-593-41113-2

Jetzt als limitierte Sonderausgabe!

Nur wer vor Einstellungstests die häufigsten Aufgaben und Fragen trainiert, wird alle Tests meistern und den Job bekommen. Mit über 1500 Übungen, zahlreichen Tests und Checklisten bereitet dieses Handbuch gezielt auf jede Testsituation vor. Jetzt als limitierte Sonderausgabe mit CD-ROM!

»Mit diesem Werk bekommen Sie den Job bestimmt.« **Petra**

»Profundes und verlässliches Bewerbungswissen«
WISU – Das Wirtschaftsstudium

Mehr Informationen unter
www.campus.de

campus
Frankfurt · New York

Christian Püttjer,
Uwe Schnierda
Trainingsmappe Vorstellungsgespräch
Die 200 entscheidenden Fragen und die besten Antworten

4., überarbeitete und erweiterte Auflage
2010. 143 Seiten,
mit CD-ROM
ISBN 978-3-593-39110-6

»Warum sollten wir gerade Sie einstellen?«

Eine möglichst gute Vorbereitung auf das Vorstellungsgespräch ist für Bewerber aller Berufszweige entscheidend. Das Trainingskonzept der Karriereexperten Christian Püttjer und Uwe Schnierda ist ideal für diesen Zweck: Es werden die Hintergründe und die besten Antwortstrategien zu den 200 häufigsten Fragen erläutert.

Jetzt neu: mit Mind-Map-Selbstpräsentation für die optimale Vorbereitung.

Mehr Informationen unter
www.campus.de

campus
Frankfurt · New York